H. J. Blaß, J. Denzler, M. Frese, P. Glos, P. Linsenmann

Biegefestigkeit von Brettschichtholz aus Buche

Titelbild: Brettschichtholz aus Buche (Querschnitt)

Band 1 der Reihe

Karlsruher Berichte zum Ingenieurholzbau

Herausgeber

Universität Karlsruhe (TH)

Lehrstuhl für Ingenieurholzbau und Baukonstruktionen

Univ.-Prof. Dr.-Ing. H. J. Blaß

Biegefestigkeit von Brettschichtholz aus Buche

Diese Arbeiten wurden gefördert durch die
Gesellschaft für Holzforschung e.V. mit Mitteln des
Bundesministeriums für Wirtschaft und Technologie (BMWi)

H. J. Blaß und M. Frese

Lehrstuhl für Ingenieurholzbau und Baukonstruktionen
Universität Karlsruhe (TH)

P. Glos, P. Linsenmann und J. Denzler

Holzforschung München
Lehrstuhl für Physikalische Holztechnologie
Technische Universität München

universitätsverlag karlsruhe

Impressum

Universitätsverlag Karlsruhe
c/o Universitätsbibliothek
Straße am Forum 2
D-76131 Karlsruhe

www.uvka.de

Print on Demand

ISSN 1860-093X
ISBN 3-937300-40-6

Vorwort

In diesem Forschungsbericht werden auf der Grundlage umfangreicher Versuche und Simulationsrechnungen Bemessungsvorschläge für Brettschichtholz aus Buche gegeben. Sie sind eine Grundlage für die baurechtliche Regelung von Brettschichtholz aus Buche für tragende Zwecke im Bauwesen.

Der Bericht entstand in enger Zusammenarbeit der beiden Forschungsstellen Versuchsanstalt für Stahl, Holz und Steine, Abteilung Ingenieurholzbau, Universität Karlsruhe (TH) und Holzforschung München, Lehrstuhl für Physikalische Holztechnologie, Technische Universität München.

Die Arbeit wurde durch die Deutsche Gesellschaft für Holzforschung (DGfH) aus Haushaltsmitteln des Bundesministeriums für Wirtschaft und Technologie (BMWi) über die Arbeitsgemeinschaft industrieller Forschungsvereinigungen „Otto von Guericke“ e.V. (AIF) gefördert. Der Schaffitzel Holzindustrie, Schwäbisch Hall-Sulzdorf wird für die Herstellung der zahlreichen Brettschichtholzträger aus Buche gedankt.

Karlsruhe, im Winter 2004 Die Verfasser

Inhalt

1 Einleitung

Im Hinblick auf den derzeitigen Umbau der deutschen Wälder und die damit verbundene Ausdehnung der Laubholzproduktion ist die Forst- und Holzwirtschaft daran interessiert, die Voraussetzungen für eine vermehrte Verwendung von Laubholz zu schaffen. Im Bereich des Bauwesens eröffnet Buchenholz, insbesondere hochtragfähiges Brettschichtholz aus Buche, wirtschaftlich interessante Anwendungen:

Eine abgeschlossene Untersuchung Glos und Lederer 2000 belegt, dass Buchen-Brettlamellen deutlich höhere Festigkeitseigenschaften als Fichten-Brettlamellen aufweisen und damit im Vergleich zu dem bisher üblichen Brettschichtholz aus Fichte die Herstellung von Bauteilen mit deutlich höherer Tragfähigkeit und Steifigkeit erlauben. Buchenholz ist im Vergleich zu Fichtenholz einfach und zuverlässig zu imprägnieren (vgl. z.B. Eisenbahnschwellen aus Buchenholz). Deshalb ist Buchen-Brettschichtholz ein geeigneter Baustoff für Bauteile in stark korrosionsgefährdeter Atmosphäre, wie z.B. bei den zunehmend benötigten Kompostierhallen, bei denen herkömmliche Baustoffe weniger geeignet sind. In der Schweiz wurden bereits in den 80er Jahren Pilotversuche mit Buchen-Brettschichtholz durchgeführt, die das hohe Potential dieses Baustoffes belegten (Gehri 1998).

Bisheriger Kenntnisstand:

Brettschichtholz (BS-Holz) besteht aus mehreren faserparallel miteinander verklebten Brettern (Lamellen), wobei als Holzart in der Regel Fichte verwendet wird. Für diese Brettschichtholzbauteile sind in den entsprechenden Ausführungsnormen Rechenwerte für die Festigkeiten bzw. Steifigkeiten angegeben. Die deutsche Holzbaunorm enthält seit 1969 Rechenwerte für Brettschichtholz. Diese waren auf Grund der vorliegenden Erfahrungen aus den Werten für Vollholz extrapoliert und durch einige Versuche abgesichert worden.

In den 80er Jahren wurde die Kenntnis über das Tragverhalten von Brettschichtholz durch umfangreiche Untersuchungen im Rahmen mehrerer Forschungsvorhaben (Glos 1978, Ehlbeck et al. 1985, Ehlbeck et al. 1987, Ehlbeck und Colling 1992) vor allem jedoch auch durch die Entwicklung eines Simulationsprogramms („Karlsruher Rechenmodell"), mit dem das Tragverhalten von BS-Holzträgern wirklichkeitsnah im Computer ermittelt werden kann, wesentlich erweitert. Das Karlsruher Rechenmodell besteht aus einem Simulationsprogramm zur virtuellen Erzeugung von Brettschichtholzträgern und einem Finite Elemente Programm zur Berechnung der Tragfähigkeit dieser Träger. Das Simulationsprogramm baut einen Brettschichtholzträger aus einzelnen Brettabschnitten (Elementen) mit einer Länge von jeweils 150 mm auf. Jedem dieser Elemente werden bestimmte Holzeigenschaften (Rohdichte, Ästigkeit, Elastizitätsmodul, Zug- und Druckfestigkeit) zugeordnet. Die Holzeigenschaften werden unter Beachtung der Autokorrelation innerhalb eines Brettes, dessen Länge praxisüblich ca. 3 bis 5 m beträgt, nach Zufallsgesichtspunkten zugeordnet. Die Streuung der Holzeigenschaften insgesamt, deren Streuung innerhalb einer Brettlamelle und deren Korrelation mit den Festigkeitseigenschaften wurden damals durch umfangreiche Versuche an einzelnen Brettabschnitten mit einer Länge von 150 mm ermittelt. Dabei mussten alle Einflussgrößen auf die Festigkeit wie Rohdichte, Ästigkeit und Elastizitätsmodul so erfasst werden, dass sie das Gesamtangebot des für die BS-Holzproduktion verwendeten Nadelholzes wirklichkeitsnah repräsentieren. Ebenso mussten die Eigenschaften der Keilzinkenverbindungen ermittelt werden, mit denen die einzelnen Bretter zu einer Brettlamelle verbunden werden. In einem weiteren Schritt berechnet das Karlsruher Rechenmodell mit Hilfe eines Finiten Elemente Programms die Biegetragfähigkeit eines solchen simulierten Trägers. Die Tragfähigkeit gilt als erreicht, wenn nach Ausfall einzelner Elemente (Erreichen der Zugfestigkeit) keine weiteren äußeren Belastungen mehr aufgenommen werden können. Das nichtlineare Verhalten des Holzes unter Druckbeanspruchungen wird berücksichtigt. Durch die Simulation vieler BS-Holzträger mit unterschiedlichen Abmessungen und je nach gewählter Sortierklasse vorgegebenen Holzqualitäten (Wahrscheinlichkeitsverteilung der einzelnen Holzeigenschaften) kann die charakteristische Tragfähigkeit abgeschätzt werden. Die Eignung des Simulationsprogramms wurde für BS-Holz aus Fichte durch eigene Versuche und auch durch Vergleiche mit Versuchsergebnissen ausländischer Forschungsinstitute bestätigt (Colling et al. 1993, Falk und Colling 1995). Aufgrund der Forschungsvorhaben und des „Karlsruher Rechenmodells" konnten u.a. für die europäische Norm EN 1194 „Brettschichtholz, Festigkeitsklassen und Bestimmung charakteristischer Werte" Rechenwerte für die Festigkeits- und Steifigkeitseigenschaften von BS-Holz aus Nadelholz entwickelt werden (siehe auch Colling et al. 1996).

Vorgehensweise:

Die Herleitung von Bemessungsvorschlägen für BS-Holz aus Buche oder aus Fichtenholz kombiniert mit Buchenholzlamellen in den hoch beanspruchten Bereichen ist derzeit nicht möglich, weil die bisher vorliegenden Versuchsergebnisse nicht ausreichen, um daraus charakteristische Festigkeits- und Steifigkeitskennwerte herleiten zu können. Die Ermittlung der Festigkeit und Steifigkeit von BS-Holz aus Buche allein durch Tragfähigkeitsversuche erscheint nicht durchführbar, da der Aufwand hierfür zu groß ist. Um zuverlässige Aussagen über charakteristische Festigkeitswerte zu erhalten, müssten sehr viele Versuche mit unterschiedlichen Holzeigenschaften der Lamellen (Sortierklassen), vor allem aber auch mit unterschiedlichen Trägeraufbauten und Trägerabmessungen durchgeführt werden, um die Streuung der Festigkeit abschätzen und zuverlässige Bemessungsvorschläge ableiten zu können. Erfolgversprechender erscheint es, die Tragfähigkeit von BS-Holzträgern aus Buche mit Hilfe eines Rechenmodells zu ermitteln und somit für verschiedene Sortierklassen und Trägerabmessungen zuverlässige Bemessungswerte zu erhalten.

Aus den Untersuchungen zum Tragverhalten von BS-Holz aus Fichte ist bekannt, dass die Spannungsverteilung und damit die Tragfähigkeit der Bauteile wesentlich von der Variation der Steifigkeit innerhalb und zwischen den einzelnen Brettlamellen und insbesondere auch von der Steifigkeit der Keilzinkenverbindungen abhängt. Weil die Steifigkeit dieser Keilzinkenverbindungen in der Regel höher ist als diejenige der Brettlamellen, werden die Verbindungen je nach Verhältnis der Steifigkeiten 20 bis 40 % höher beansprucht als das umgebende Holz.

Buchenholz weist wegen seines von Nadelholz abweichenden anatomischen Baus andere Steifigkeits-Festigkeitsbeziehungen als Fichtenholz auf. Deshalb sind die Ergebnisse der Untersuchungen an Fichtenlamellen und BS-Holz aus Fichte nicht unmittelbar auf Lamellen und BS-Holz aus Buche übertragbar. Die für die Simulationsrechnungen benötigten Eingangsgrößen (Festigkeit und Steifigkeit von Brettlamellen und Keilzinkenverbindungen in Abhängigkeit von den sortierrelevanten Holzmerkmalen) sind deshalb experimentell zu ermitteln. Dabei kann nicht auf die Ergebnisse früherer Untersuchungen (z.B. Kollmann: Technologie des Holzes und der Holzwerkstoffe) zurückgegriffen werden, da einerseits diese Untersuchungen in der Regel an kleinen, fehlerfreien Normproben durchgeführt wurden und andererseits keine durchgängigen Angaben über die Eigenschaften (Festigkeit, Steifigkeit), deren Streuung (sowohl Gesamtstreuung als auch Streuung innerhalb einer Brettlamelle) und ihre gegenseitigen Abhängigkeiten vorliegen.

Erste Versuchsergebnisse an Brettlamellen, die das hohe Festigkeits- und Steifigkeitspotential von Buchenholzlamellen aufzeigen, liegen bereits vor (Glos und Lederer 2000). Bisher gibt es jedoch keine Untersuchungen über die Verteilung sortierrelevanter Holzeigenschaften wie z.B. Rohdichte und Ästigkeit sowie der Zug- und Druckfestigkeit innerhalb einer Brettlamelle. Solche Untersuchungen sind unabdingbar, weil die Verteilung dieser Eigenschaften den durch die Lamellierung entstehenden Vergütungseffekt maßgeblich bestimmt. Dafür reichen die üblichen Festigkeitsprüfungen an Prüfkörpern in Gebrauchsabmessungen nach DIN EN 408 nicht aus, sondern es sind insbesondere auch Festigkeitsprüfungen an kurzen Brettabschnitten (Brettelementen) durchzuführen, wobei diese Brettabschnitte den gesamten Qualitätsbereich abdecken müssen. Versuche zur Bestimmung des Festigkeits- und Steifigkeitsverhaltens kurzer Brettabschnitte bei Druck- und Zugbeanspruchung stellen wegen der Problematik der Krafteinleitung besondere Anforderungen an die Prüftechnik. Entsprechende Versuche sind bisher nur an Fichte und nur an der Forschungsstelle 2 durchgeführt worden.

Zur Überprüfung des Rechenmodells sind darüber hinaus einige Tragfähigkeitsversuche gezielt aufgebauter BS-Holzträger durchzuführen.

2 Eigenschaften von Buchenlamellen

2.1 Material

350 Buchenbretter unterschiedlicher Herkunft wurden bei den Sägewerken Keck in Ehningen/Böblingen und Obermeier in Schwindegg beschafft. Die Abmessungen der Buchenbretter sollten mit etwa 30 mm Dicke und 100 bis 150 mm Breite den bei einer BS-Holzproduktion aus Buche relevanten Bereich abdecken. Die Querschnitte des Untersuchungsmaterials reichten von 100 x 25 mm² bis 150 x 35 mm², die Längen von 3500 mm bis ca. 5000 mm. Tabelle 2-1 gibt einen Überblick über die jeweilige Anzahl an Brettern der einzelnen Querschnitte, Tabelle 2-2 zeigt die festgelegten Qualitätsanforderungen an die Bretter. „Schreinerqualität" wurde ausgeschlossen, um ein für die BS-Holzproduktion relevantes, kostengünstiges Zielsortiment (Durchforstungsholz, Stämme der Güteklasse B/C) zu erhalten.

Tabelle 2-1 Anzahl der Bretter je Querschnitt

Dicke [mm] Breite [mm]	25	35	Summe
100	107	62	169
150	98	83	182
Summe	205	145	350

Tabelle 2-2 Qualitätsanforderungen

Material	Buche, Bretter
Qualität	Bauholzqualität, keine Schreinerware, gehobelt auf konstante Dicke, Schmalseiten sägerau, 4-seitig scharfkantig, markfrei
Holzfeuchte	u ≤ 15 % (gewünscht 12 %)
Rotkernanteil	≤ 1/3 der gesamten Liefermenge (Streuung in den einzelnen Brettern 0 % bis 100 %)

2.2 Parameteraufnahme am ganzen Brett

BS-Holzlamellen werden aus unterschiedlich langen Teilstücken, die mit Keilzinkenverbindungen zu Endloslamellen zusammen gefügt sind, hergestellt. Bei der Simulation wird eine BS-Holzlamelle in aufeinander folgende, 150 mm lange Elemente unterteilt. (Bild 2-1).

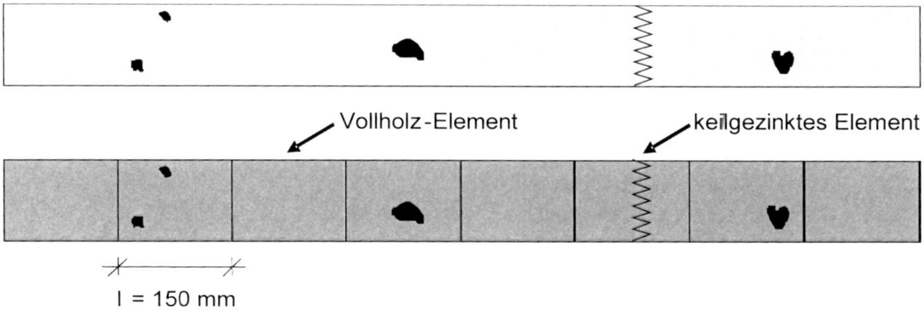

Bild 2-1 Elementierung einer Endloslamelle

Um jedem Element Eigenschaftswerte (Ästigkeit und Rohdichte) zuweisen zu können, die der Verteilung der Eigenschaftswerte in Brettlängsrichtung entsprechen, wurden an den Brettern vor der Prüfkörperentnahme alle Äste erfasst, der dynamische Elastizitätsmodul mittels Längsschwingungsverfahren ermittelt und die Rohdichte gemessen.

2.2.1 Rohdichte

Die Rohdichte der Bretter wurde entsprechend ISO 3131 bestimmt. Die Streubreite der Darr-Rohdichte reicht von 572 bis 812 kg/m³. Der Mittelwert liegt bei 680 kg/m³. Bild 2-2 zeigt die entsprechende Häufigkeitsverteilung der Rohdichte der 350 untersuchten Bretter. Zur Abschätzung der Rohdichte-Streuung innerhalb eines Brettes wurde an 20 Brettern die Verteilung in Brettlängsrichtung überprüft. Dazu wurden die Bretter in 200 mm lange Abschnitte unterteilt, aus denen ein Probestreifen zur Ermittlung der Darr-Rohdichte (Rohdichte bei 0% Holzfeuchte) entnommen wurde. Aus der Darr-Rohdichte wurde gemäß DIN EN 338 die Normal-Rohdichte bezogen auf eine Holzfeuchte von 12% berechnet. Die Abweichungen der Element-Rohdichten vom jeweiligen Brettmittelwert sind in Bild 2-3 dargestellt. Es wird deutlich, dass die Änderung der Rohdichte innerhalb eines Brettes sehr gering ist. Deshalb erscheint es vertretbar, die Rohdichte bei einer Simulation innerhalb eines Bretts als konstant anzunehmen.

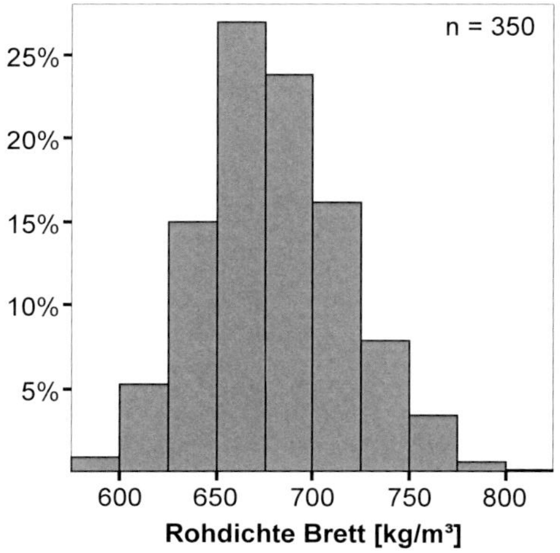

Bild 2-2 Häufigkeitsverteilung der Rohdichte, n = 350

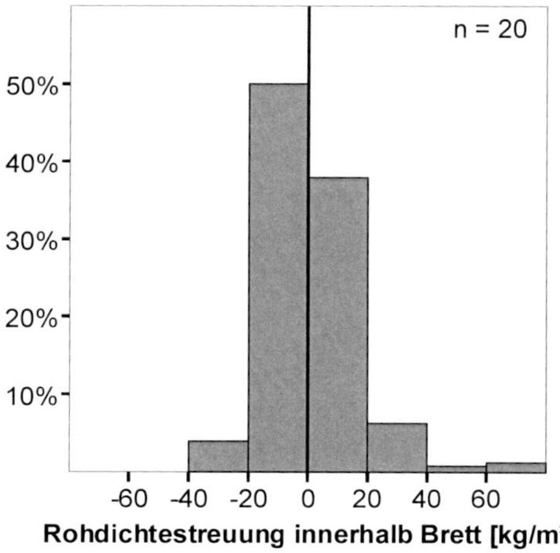

Bild 2-3 Abweichung vom Mittelwert, n = 20, ℓ = 200 mm

2.2.2 Dynamischer Elastizitätsmodul

Der dynamische Elastizitätsmodul der Bretter wurde über ein Längsschwingungsverfahren bestimmt. Bei diesem Verfahren wird der Prüfkörper möglichst dämpfungsarm gelagert, z.B. auf einer Schaumstoffmatte, und durch einmaliges Anschlagen an einem Hirnholzende zu einer Längsschwingung angeregt. Diese Schwingung wurde mit Hilfe eines Beschleunigungsaufnehmers und eines Mikrofons erfasst. Über eine Frequenzanalyse wurde daraus die erste Eigenfrequenz (Resonanzfrequenz) bestimmt. Die Rohdichte des Brettes wurde aus den Abmessungen und dem Gewicht zum Zeitpunkt der Untersuchung bestimmt. Die Ergebnisse der Körper- bzw. Luftschallmessungen stimmten sehr gut überein, so dass keine getrennte Auswertung erfolgt, sondern im Weiteren die mittels Beschleunigungsaufnehmer ermittelten Ergebnisse ausgewertet werden. In Bild 2-4 ist die Verteilung des dynamischen Elastizitätsmoduls der 350 untersuchten Bretter dargestellt. Die Messwerte streuen zwischen 9900 und 19300 N/mm², mit einem Mittelwert von 14700 N/mm².

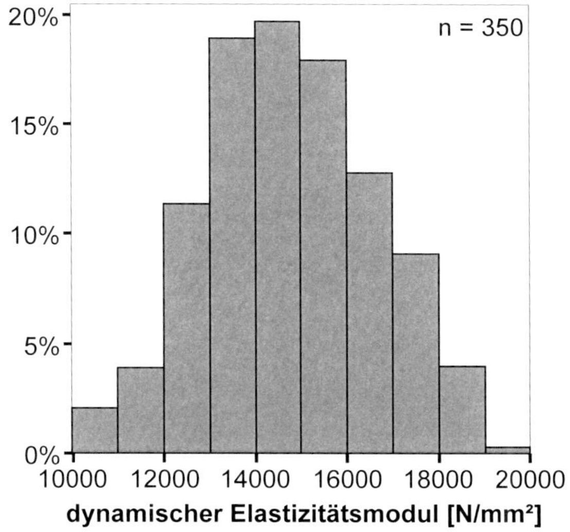

Bild 2-4 Häufigkeitsverteilung des dynamischen E-Moduls, n = 350

2.2.3 Äste

Die Äste wurden entsprechend dem Sortierkriterium für Bretter, Bohlen und Latten nach DIN 4074 Teil 5 aufgenommen. Dabei ist das Kriterium Einzelast (DEB) und das Kriterium Astansammlung (DAB) zu beachten. Maßgebend für das Kriterium DEB sind die kantenparallelen Astdurchmesser des größten Einzelastes bezogen auf die doppelte Brettbreite. Das Kriterium DAB errechnet sich aus der Summe der kantenparallelen Astdurchmesser aller Äste innerhalb einer Messlänge von 150 mm. Zusätzlich zur Ästigkeit nach DIN 4074 Teil 5 wurde auch das in vielen wissenschaftlichen Untersuchungen verwendete Kriterium „Astflächenverhältnis“ KAR (Knot Area Ratio) bestimmt. Dabei werden alle auf die Querschnittfläche projizierten Astflächen innerhalb einer Brettlänge von 150 mm aufsummiert und durch die Querschnittfläche geteilt, wobei sich überlappende Äste nur einmal berücksichtigt werden (Bild 2-5). Zur Ermittlung der Ästigkeitsverteilung in Brettlängsrichtung wurde jedes Brett in 150 mm lange, virtuelle Abschnitte unterteilt und für jeden dieser Abschnitte die Ästigkeit berechnet. Somit standen 9079 virtuelle Abschnitte für eine Auswertung zur Verfügung. Bild 2-6 zeigt die Häufigkeitsverteilung der Ästigkeit KAR über alle Abschnitte. Zur Simulation einer BS-Holzlamelle kann dem Startelement anhand Bild 2-1 eine Ausgangsästigkeit zugewiesen werden. Die Ästigkeit der Folgeelemente kann anhand Bild 2-7 berechnet werden. Das Diagramm zeigt die Auftretenswahrscheinlichkeit der Ästigkeit KAR in Abhängigkeit des Astwertes des vorhergehenden Elementes. Auf der Abszisse sind die Ästigkeiten des vorhergehenden Elementes aufgetragen. Die Säulen entsprechen der Wahrscheinlichkeit, mit der die in der Legende aufgeführte Ästigkeit im Folgeelement auftreten wird.

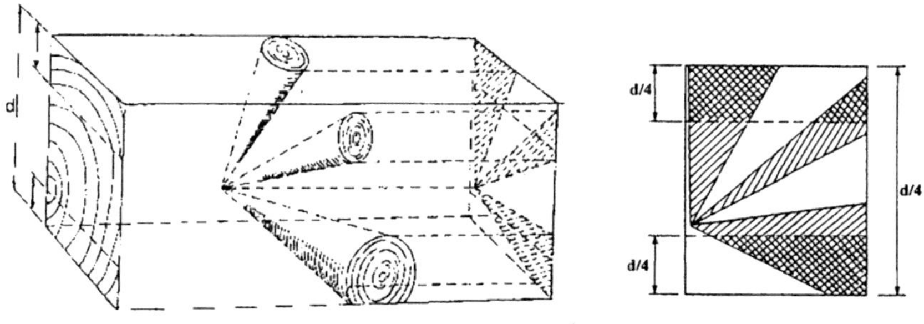

Bild 2-5 Knot Area Ratio

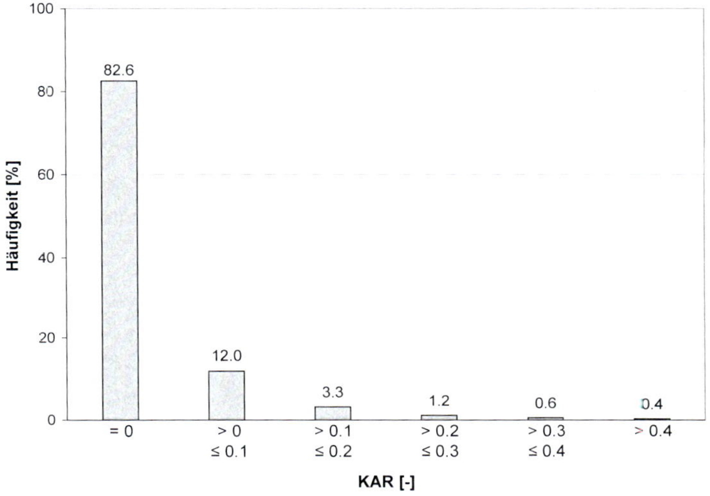

Bild 2-6 Häufigkeitsverteilung der Ästigkeit KAR, n = 9079, ℓ = 150 mm

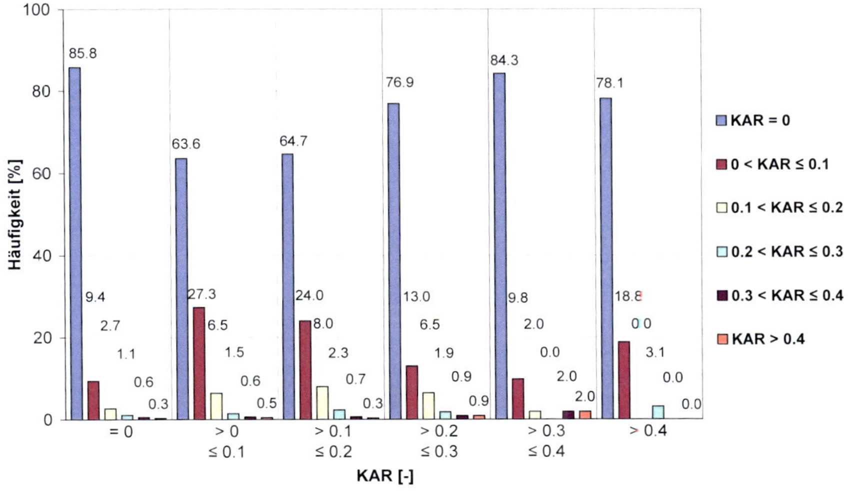

Bild 2-7 Auftretenswahrscheinlichkeit der Ästigkeit KAR in Abhängigkeit der Ästigkeit des vorhergehenden Brettelementes, n = 9079, ℓ = 150 mm

2.3 Festigkeits- und Steifigkeitseigenschaften von Brettelementen

2.3.1 Material und Methoden

Zur Simulation einer BS-Holzlamelle müssen die Festigkeits- und Steifigkeitseigenschaften der einzelnen Elemente berechnet werden. Da eine Lamelle aus keilgezinkten Einzelbrettern besteht, gibt es innerhalb einer Lamelle zwei verschiedene Elementtypen: Vollholz-Elemente und keilgezinkte Elemente. Bei biegebeanspruchten BS-Holzträgern treten innerhalb der einzelnen Lamellen im Biegezugbereich im Wesentlichen Zugspannungen und im Biegedruckbereich im Wesentlichen Druckspannungen auf. Daher sollten Zug- und Druckversuche an Vollholzprüfkörpern und keilgezinkten Prüfkörpern durchgeführt werden. Darüber hinaus sollte eine Aussage über die Verteilung der Eigenschaften in Brettlängsrichtung getroffen werden, um Elemente innerhalb eines Brettes möglichst korrekt in der Simulation abbilden zu können. Das Ausgangskollektiv von 350 Brettern wurde zu diesem Zweck in zwei Teilkollektive A und B aufgeteilt (Bild 2-8).

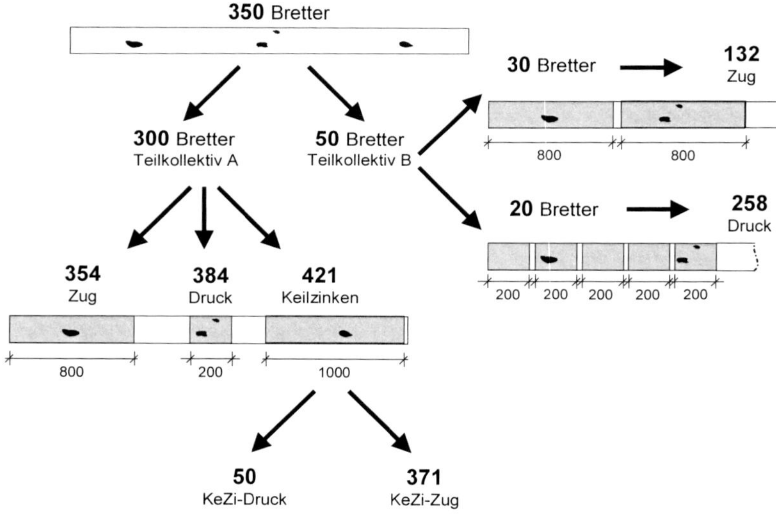

Bild 2-8 Entnahmeschema und Prüfkörperanzahl je Kollektiv

Aus den 300 Brettern des Teilkollektives A wurden jeweils mindestens ein Zug- und ein Druckprüfkörper sowie ein Abschnitt zur Herstellung einer Keilzinkenverbindung entnommen. Die Zug- und Druckprüfkörper wurden – falls möglich – so entnommen, dass Äste im Prüfbereich lagen. Dabei wurde versucht, die Äste annähernd gleich auf die Druck- und Zugprüfkörper zu verteilen. Waren nach der Entnahme die Reststücke der Bretter noch lang genug, wurden zusätzliche Prüfkörper für Druck- und Zugversuche sowie Abschnitte für Keilzinkenproben ausgeformt. Insgesamt standen 384 Druck- und 354 Zugprüfkörper zur Verfügung. Aus den Keilzinkenabschnitten wurden auf die in Bild 2-13 dargestellte Weise 50 Keilzinkenprüfkörper für Druckversuche und 371 Prüfkörper für Zugversuche hergestellt.

An den 50 Brettern aus Teilkollektiv B wurde die Verteilung der mechanischen Eigenschaften in Brettlängsrichtung ermittelt. Dazu wurden aus einem Brett möglichst viele Druck- oder Zugprüfkörper ausgeformt. Zur Ermittlung der Zugfestigkeit in Brettlängsrichtung konnten aus 30 Brettern im Mittel vier Prüfkörper mit 800 mm Länge entnommen werden. Für die Ermittlung der Druckfestigkeit in Brettlängsrichtung wurden aus 20 Brettern im Mittel 12 Prüfkörper mit einer Länge von 200 mm entnommen. Insgesamt ergaben sich 132 Zug- und 258 Druckprüfkörper.

Im Folgenden werden die Prüfeinrichtungen und die Herstellung der Prüfkörper beschrieben.

Zugprüfung:

Die Prüfung erfolgte in Anlehnung an EN 408. Die Kraft wurde über Gelenkbolzen und Klemmbacken eingeleitet. Die Einspannlänge der Zugprüfkörper betrug mindestens 300 mm, um ein Herausrutschen der Prüfkörper aus den Klemmbacken zu vermeiden. Zur Bestimmung des Zug-Elastizitätsmoduls wurde die Zugdehnung mit einer Messbasis von 150 mm symmetrisch auf beiden Schmalseiten des Prüfkörpers mit zwei Induktiv-Weggebern gemessen. Die freie Prüflänge betrug 200 mm. Durch den beidseitigen Abstand von 25 mm von den Klemmbacken sollte ein Einfluss des Einspannbereichs auf das 150 mm lange Brettelement ausgeschlossen werden. Der Versuch wurde weggesteuert durchgeführt. Die Verformungsgeschwindigkeit wurde so gewählt, dass der Bruch innerhalb von 300±120 Sekunden eintrat. Bild 2-9 zeigt die Zug-Prüfeinrichtung in einer Schemaskizze, Bild 2-10 die Abmessungen eines Zugprüfkörpers. Die starren Klemmbacken liefen in einer Führung, damit ein seitliches Ausweichen des Prüfkörpers ausgeschlossen war. Der ebene Verformungszustand eines Brettelements im belasteten Brettschichtholzträger wird auf diese Weise wirklichkeitsnah abgebildet.

Zur Bestimmung der Rohdichte wurde nach dem Versuch ein ca. 20 mm breiter, astfreier Probestreifen nahe der Bruchstelle entnommen, der den ganzen Querschnitt umfasste. Dieser wurde bis zur Gewichtskonstanz gedarrt. Daran anschließend wurde die Masse des Probestreifens mit einer Präzisionswaage gemessen und das Volumen über eine Auftriebsmessung bestimmt.

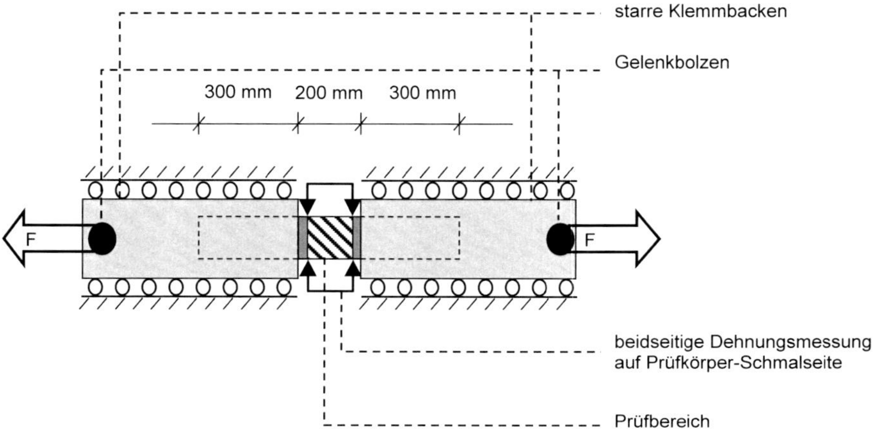

Bild 2-9 Schemaskizze Zug-Prüfeinrichtung, Seitenansicht

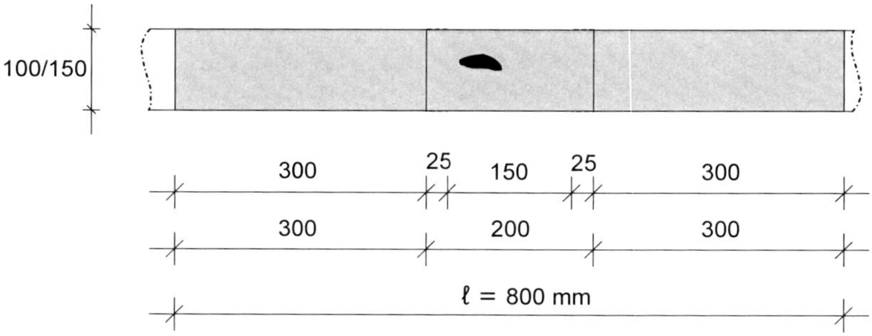

Bild 2-10 Abmessungen eines Zugprüfkörpers

Druckprüfung:

Auch die Druckprüfung erfolgte in Anlehnung an EN 408. Um Ungleichmäßigkeiten der Stirnflächen der Prüfkörper auszugleichen und das Auftreten einer Biegebeanspruchung zu vermeiden, wurde eine Kugelkalotte eingesetzt, die mit vier Gewindebolzen ausgerüstet war. Vor Versuchsbeginn wurden die Gewindebolzen gelockert und der Prüfkörper mit einer Vorlast von 5000 N beaufschlagt, damit sich die Kalotte eventuellen Ungleichmäßigkeiten anpassen konnte. Danach wurden die Bolzen fixiert, um einen ebenen Verformungszustand zu erzwingen, und der Versuch weggesteuert fortgesetzt. Die Verformungsgeschwindigkeit wurde so gewählt, dass sich innerhalb von 300±120 Sekunden eine Stauchfalte ausbildete. Bild 2-11 zeigt den schematischen Aufbau der Versuchseinrichtung. Der Versuch wurde nach dem Auftreten der Stauchfalte nicht sofort beendet, um einen möglichst vollständigen Verlauf der Spannungs-Dehnungs-Beziehung über den eigentlichen Bruch hinaus aufzuzeichnen. Die Druckdehnung zur Bestimmung des Druck-Elastizitätsmoduls wurde symmetrisch mit zwei Induktiv-Weggebern auf den Prüfkörper-Schmalseiten ermittelt. Bild 2-12 zeigt die Abmessungen eines Druckprüfkörpers. Durch die Verlängerung des Prüfkörpers um 2 x 25 mm auf 200 m wurde eine Beeinflussung der Dehnungsmessung durch den Krafteinleitungsbereich ausgeschlossen. Im Anschluss an die Prüfung wurde auch hier ein Probestreifen zur Rohdichtebestimmung entnommen.

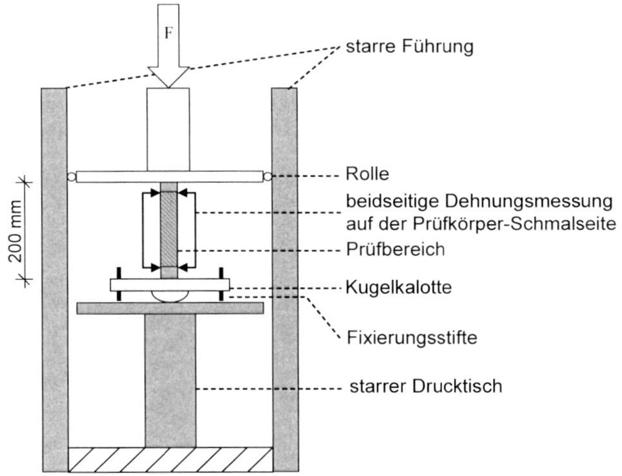

Bild 2-11 Schemaskizze Druckprüfeinrichtung, Frontansicht

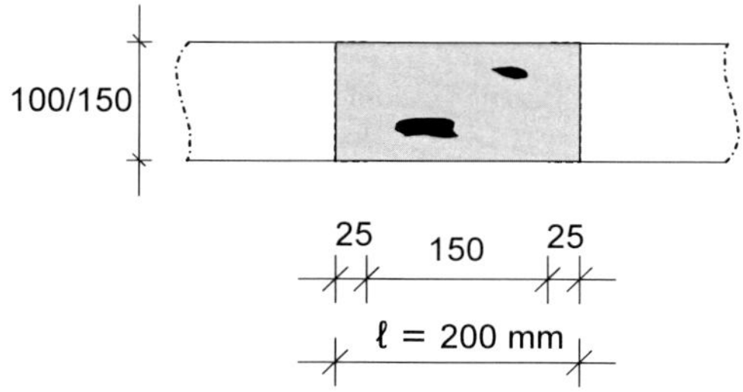

Bild 2-12 Abmessungen eines Druck-Prüfkörpers

Keilzinken-Prüfkörper:

Die Keilzinkenverbindungen wurden bei der Fa. Schaffitzel in Schwäbisch Hall hergestellt. Ausgangsmaterial waren 1000 mm lange Brettabschnitte, die aus den Brettern des Teilkollektivs A so entnommen wurden, dass sie entsprechend den Vorgaben für Keilzinkenverbindungen mindestens über eine Länge von 100 mm von jedem Hirnholzende astfrei waren. Für die Keilzinkung wurde das Profil 15 / 3,8 mm gewählt. Als Klebstoff wurde „Kauramin 681" mit dem Härter „686" gewählt. Bei der Herstellung der Keilzinkenverbindungen wurde darauf geachtet, dass nur Abschnitte aus verschiedenen Brettern miteinander verbunden wurden. Nach der Keilzinkung wurden aus der Endloslamelle, wie in Bild 2-13 gezeigt, Druck- und Zugprüfkörper mit den gleichen Abmessungen wie die nicht keilgezinkten Prüfkörper ausgeformt. Diese wurden in gleicher Weise wie die nicht keilgezinkten Prüfkörper im Druck- und Zugversuch geprüft. Abweichend davon wurde auf beiden Seiten der Keilzinkung ein Probestreifen zur Rohdichtebestimmung entnommen, um die Rohdichte des schlechteren Abschnitts bestimmen zu können.

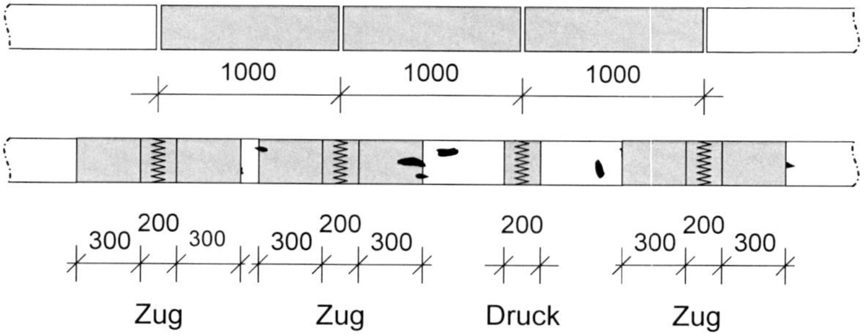

Bild 2-13 Abmessungen der Keilzinken-Prüfköper für Druck- und Zugversuche, Ausgangsabschnitte und Keilzinkenverbindung

2.3.2 Ergebnisse für das Teilkollektiv A (Streuung zwischen den Brettern)

In Tabelle 2-3 sind die Ergebnisse der Versuche getrennt für die Vollholz- und Keilzinken-Prüfkörper dargestellt. Die Keilzinken-Prüfkörper besitzen normkonform keine Äste im Bereich der Keilzinkung.

Da sich die mechanischen Eigenschaften, die Rohdichte und die Ästigkeiten der einzelnen Querschnitte nicht signifikant unterscheiden, wird im Weiteren auf eine Querschnittsunterscheidung verzichtet (Tabelle 2-4).

Die Zugfestigkeit und der Zugelastizitätsmodul der Vollholzproben sind im Mittel höher als die Druckfestigkeit und der Druckelastizitätsmodul. Das Kollektiv der Zugprüfkörper ist aber deutlich inhomogener. Dies zeigt sich in der höheren Standardabweichung und führt zu einer geringeren 5%-Fraktile der Zugfestigkeit Wie erwartet sind die Rohdichteverteilungen der Zug- und Druckprüfkörper vergleichbar.

Die Ästigkeiten DEB und KAR der Zug- und Druckprüfkörper sind insgesamt klein und liegen in der gleichen Größenordnung. Die Verteilung der Ästigkeit KAR für die Zug- und Druckprüfkörper ist in Bild 2-14 und Bild 2-15 dargestellt.

Die zugbelasteten keilgezinkten Prüfkörper weisen im Mittel eine um ca. 4% niedrigere Zugfestigkeit als die nicht keilgezinkten Prüfkörper auf. Der Elastizitätsmodul ist hingegen um ca. 13% höher. Die Fraktilwerte der Festigkeit und des Elastizitätsmoduls liegen deutlich höher als bei den durch die Ästigkeiten inhomogeneren Vollholzproben.

Bei auf Druck belasteten keilgezinkten Prüfkörpern liegen die Festigkeit und der Elastizitätsmodul um ca. 5% bzw. ca. 14% höher als bei den Vollholzproben.

Bild 2-16 zeigt eine vergleichende Gegenüberstellung für die Beziehung zwischen Festigkeit und E-Modul von Brettabschnitten und Keilzinkenverbindungen.

Tabelle 2-3 Versuchsergebnisse der Zug- und Druckprüfungen, Teilkollektiv A

			MW	s	5%-Fraktile
Zug Vollholz n = 354	$f_{t,0}$	[N/mm²]	68,1	34,0	24,4
	$E_{t,0}$	[N/mm²]	13000	3500	7100
	$\rho_{0,t}$	[kg/m³]	678	37	617
	DEB_t	[-]	0,13	0,14	-
	KAR_t	[-]	0,12	0,14	-
Zug Keilzinken n = 371	$f_{t,0,fj}$	[N/mm²]	65,7	14,5	39,8
	$E_{t,0,fj}$	[N/mm²]	14900	1800	12000
	$\rho_{0,t,fj}$ 1)	[kg/m³]	655	28	607
Druck Vollholz n = 384	$f_{c,0}$	[N/mm²]	45,5	8,3	31,1
	$E_{c,0}$	[N/mm²]	11500	3000	6000
	$\rho_{0,c}$	[kg/m³]	683	39	625
	DEB_c	[-]	0,10	0,12	-
	KAR_c	[-]	0,09	0,11	-
Druck Keilzinken n = 50	$f_{c,0,fj}$	[N/mm²]	47,9	5,1	38,5
	$E_{c,0,fj}$	[N/mm²]	13400	1900	10000
	$\rho_{0,c,fj}$ 1)	[kg/m³]	657	36	591

1) niedrigere Darr-Rohdichte der beiden Lamellen

Tabelle 2-4 Vergleich der Mittelwerte der Vollholz-Prüfkörper des Teilkollektivs A unterteilt nach Querschnitt

Mittelwerte			150x35	150x25	100x35	100x25
Zug Vollholz	**n**	[-]	82	91	61	120
	$f_{t,0}$	[N/mm²]	63,9	64,8	76,9	68,9
	$E_{t,0}$	[N/mm²]	13200	13100	13400	12600
	$\rho_{0,t}$	[kg/m³]	690	667	688	672
	DEB_t	[-]	0,12	0,10	0,11	0,17
	KAR_t	[-]	0,10	0,11	0,09	0,16
Druck Vollholz	**n**	[-]	81	102	65	136
	$f_{c,0}$	[N/mm²]	45,7	46,1	43,0	43,8
	$E_{c,0}$	[N/mm²]	11200	11600	12000	11200
	$\rho_{0,c}$	[kg/m³]	697	673	698	674
	DEB_c	[-]	0,08	0,09	0,12	0,12
	KAR_c	[-]	0,07	0,09	0,10	0,11

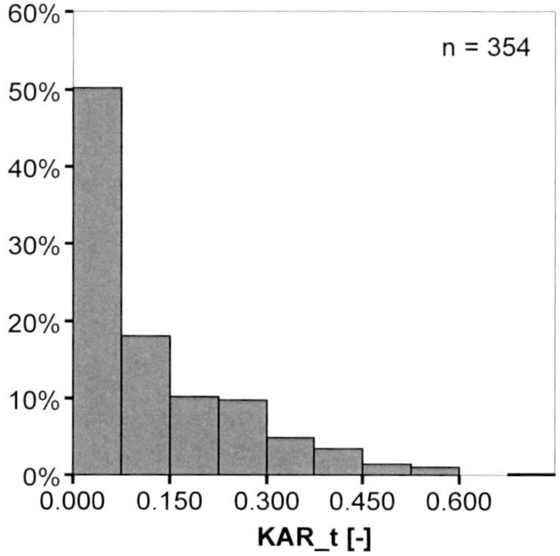

Bild 2-14 Verteilung der Ästigkeit KAR, Zugprüfkörper, n = 354

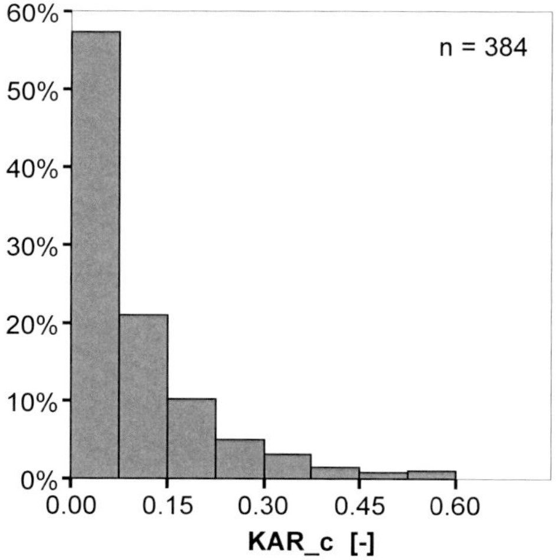

Bild 2-15 Verteilung der Ästigkeit KAR, Druckprüfkörper, n = 384

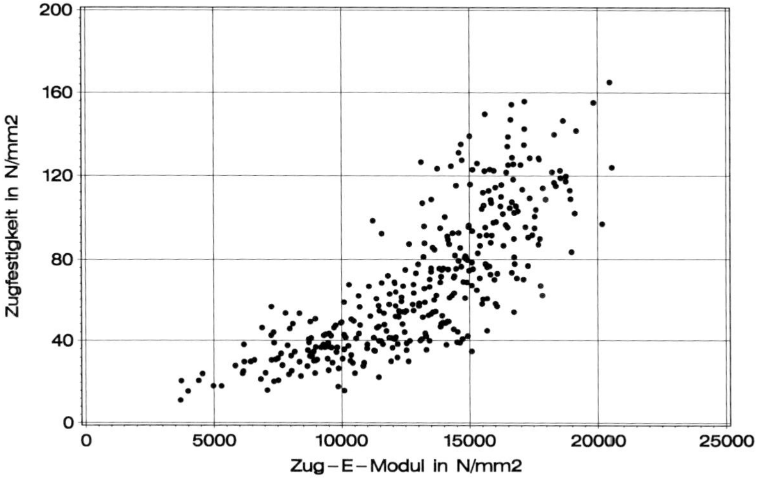

a)

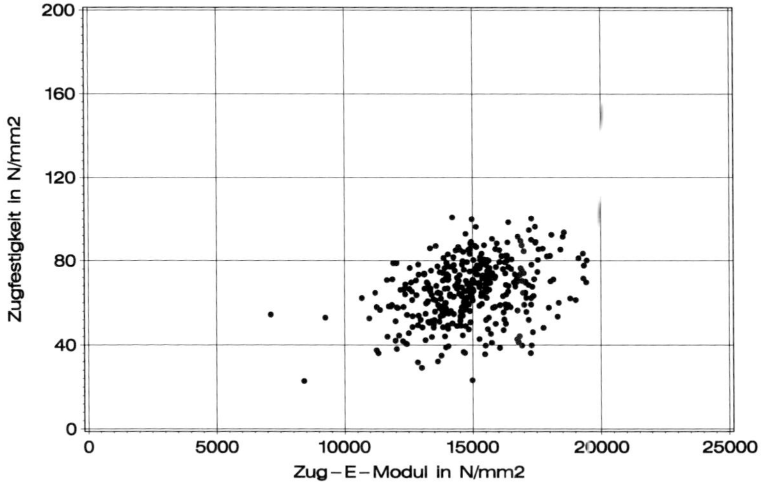

b)

Bild 2-16 Zugfestigkeit in Abhängigkeit vom Zug-E-Modul für Brettabschnitte (a) und Keilzinkenverbindungen (b) sowie Druckfestigkeit in Abhängigkeit vom Druck-E-Modul für Brettabschnitte (c) und Keilzinkenverbindungen (d)

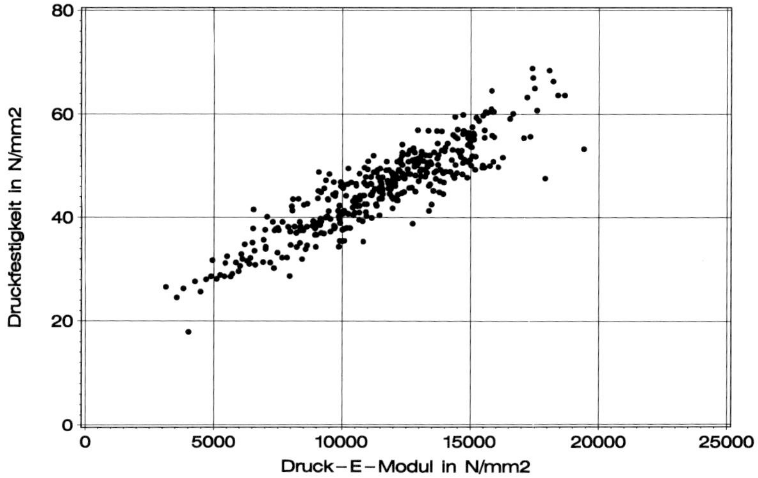

c)

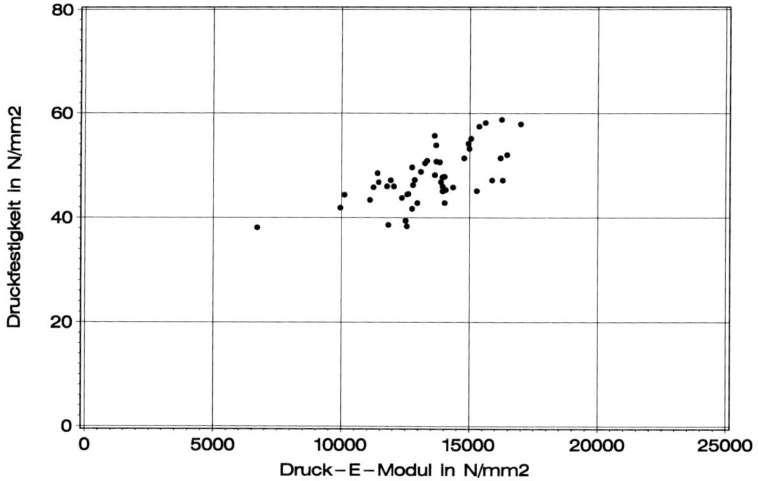

d)

Bild 2-16 (Forts.) Zugfestigkeit in Abhängigkeit vom Zug-E-Modul für Brettabschnitte (a) und Keilzinkenverbindungen (b) sowie Druckfestigkeit in Abhängigkeit vom Druck-E-Modul für Brettabschnitte (c) und Keilzinkenverbindungen (d)

2.3.3 Ergebnisse für das Teilkollektiv B

Die Ergebnisse sind in Tabelle 2-5 zusammengestellt. Durch die Reihenentnahme aus einem Brett weisen diese Prüfkörper im Vergleich zu denen des Teilkollektives A eine deutlich geringere Ästigkeit auf. Die Unterschiede zwischen den Astwerten DEB und KAR sind auch in diesem Kollektiv gering. Die Rohdichteverteilung der Prüfkörper ist nahezu gleich wie bei den Proben des Teilkollektives A. Durch die geringere Ästigkeit, insbesondere den höheren Anteil an astfreien Prüfkörpern erhöhen sich die Mittelwerte und 5%-Fraktilen von Festigkeit und Elastizitätsmodul. Die mittlere Druckfestigkeit steigt um ca. 20%, der mittlere Druckelastizitätsmodul um ca. 8%. Die mittlere Zugfestigkeit steigt um ca. 30%.

Tabelle 2-5 Versuchsergebnisse der Zug- und Druckprüfungen, Teilkollektiv B

			MW	**s**	**5%-Fraktile**
Zug Autokorrelation n = 132	$f_{t,0}$	[N/mm²]	95,2	32,3	46,4
	$E_{t,0}$	[N/mm²]	14200	2300	9300
	$\rho_{0,t}$	[kg/m³]	689	43	616
	DEB_t	[-]	0,05	0,08	-
	KAR_t	[-]	0,05	0,09	-
Druck Autokorrelation n = 258	$f_{c,0}$	[N/mm²]	49,2	6,0	38,0
	$E_{c,0}$	[N/mm²]	14400	2700	9800
	$\rho_{0,c}$	[kg/m³]	680	31	626
	DEB_c	[-]	0,03	0,07	-
	KAR_c	[-]	0,02	0,06	-

2.4 Spannungs-Dehnungs-Beziehung

2.4.1 Allgemeines

Zur Simulation des Tragverhaltens eines BS-Holzträgers wird die Spannungs-Dehnungs-Beziehung der druck- und zugbeanspruchten Bretteleme nte benötigt. In der Druckzone des Trägers wird die Beziehung für Druck- und in der Zugzone diejenige für Zugbeanspruchung im Rechenmodell eingesetzt.

Das spröde Bruchverhalten bei Zugbeanspruchung kann durch einen linearen Ansatz beschrieben werden. Die Arbeitslinie bei Druckbeanspruchung ist duktil. Sie ist durch einen zunächst linearen Anstieg der Spannung gekennzeichnet. Nach Erreichen der maximalen Kraft tritt kein sprödes Versagen ein, sondern die Spannung fällt bei weiterer Dehnung unterschiedlich stark ab und konsolidiert sich auf einem niedrigeren Niveau. Diese Arbeitslinie kann in guter Näherung durch einen bi-linearen Ansatz beschrieben werden. Exemplarisch ist dies an Prüfkörper 1064 in Bild 2-17 dargestellt.

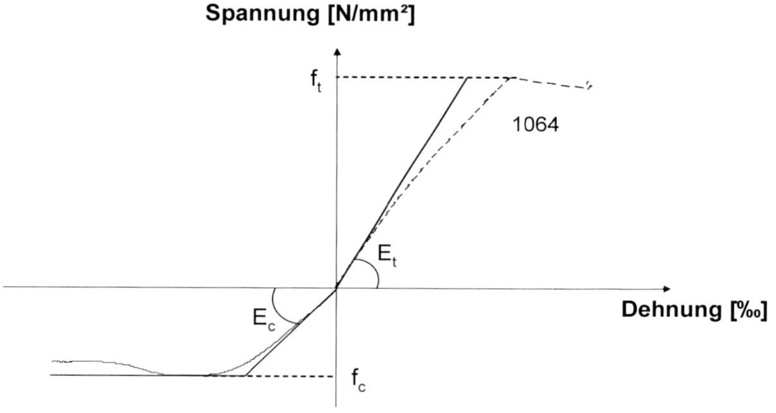

Bild 2-17 bi-lineare Anpassung der Arbeitslinie am Beispiel des Prüfkörpers 1064

2.4.2 Material

Zur Ermittlung der Spannungs-Dehnungsbeziehung wurden nur die Versuche aus Teilkollektiv A verwendet. Prüfkörper, die keine vollständige Wegmessung bis zum Versagen hatten (z.B. durch Ausfall eines Weggebers) wurden nicht für die Berechnung herangezogen. Teilkollektiv B wurde aufgrund der Reihenentnahme der Prüfkörper und der daraus resultierenden Verfälschung der Verteilung von Ästigkeit und Rohdichte ausgeschlossen. Die Anzahlen der für die Anpassung zur Verfügung stehenden Prüfkörper sind in Bild 2-18 dargestellt.

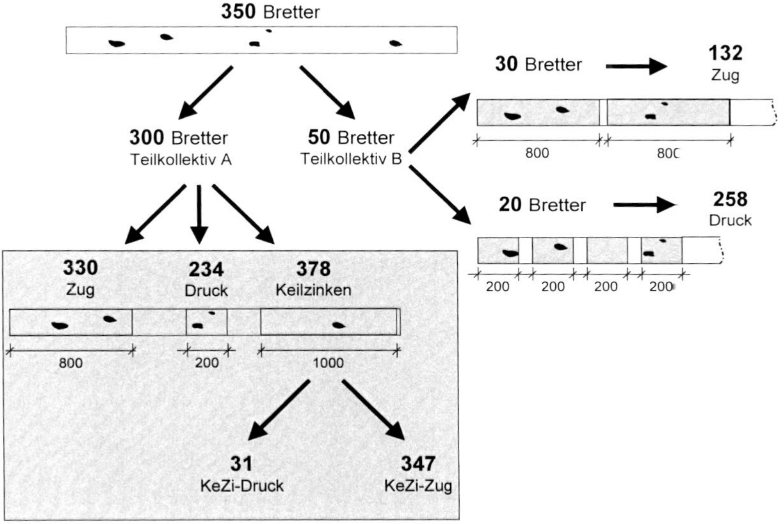

Bild 2-18 Prüfkörperanzahl für die Bestimmung der Spannungs-Dehnungs-Beziehung (grau hinterlegt)

2.4.3 Bi-lineares Modell

Die Bestimmungsgrößen für das bi-lineare Modell sind die Druck- und Zugfestigkeit und der Druck- und Zug-Elastizitätsmodul. Bei der Beschreibung der Arbeitslinie muss noch unterschieden werden, ob es sich um ein Vollholzelement oder um ein keilgezinktes Element handelt. Für das Vollholzelement werden Festigkeit und E-Modul als Funktion der Ästigkeit KAR und der Darr-Rohdichte beschrieben. Im Fall einer Keilzinkenverbindung fällt die Ästigkeit als Kriterium weg und die Festigkeit und der E-Modul werden nur als Funktion der Rohdichte beschrieben. Deshalb ist die Korrelation zwischen Ästigkeit bzw. Rohdichte und der Festigkeit von großer Bedeutung.

In Tabelle 2-6 sind die Korrelationskoeffizienten zwischen den genannten Größen dargestellt. Die Regressionsgleichungen zur Berechnung der Festigkeiten und der E-Modulwerte aus der Rohdichte und der Ästigkeit der Elemente sind in Tabelle 2-7 getrennt nach Druck- und Zugprüfkörpern sowie nach Vollholz-Prüfkörpern und Prüfkörpern mit Keilzinkenverbindungen zusammen mit den Korrelationskoeffizienten dargestellt. Die Ästigkeit KAR korreliert mit etwa 0,66 bis 0,70 befriedigend mit der

Festigkeit und dem Elastizitätsmodul, die Darr-Rohdichte hingegen auffällig niedrig. Dies ist durch den anatomischen Aufbau der Buche als zerstreutporiges Laubholz zu erklären, durch den die Rohdichte zwischen den Brettern und auch innerhalb eines Brettes deutlich weniger stark streut als bei Nadelholz (siehe auch Abschnitt 2.2.1).

Tabelle 2-6 Korrelationskoeffizienten für Vollholzelemente und keilgezinkte Elemente

			ρ_0 [1] [kg/m³]	**KAR** [-]	**E** [N/mm²]
Zug, Vollholz	$f_{t,0}$	[N/mm²]	0,19	- 0,67	0,80
n = 330	$E_{t,0}$	[N/mm²]	0,23	- 0,70	1,00
Zug, Keilzinken	$f_{t,0,fj}$	[N/mm²]	0,07	-	0,33
n = 347	$E_{t,0,fj}$	[N/mm²]	0,26	-	1,00
Druck, Vollholz	$f_{c,0}$	[N/mm²]	0,01	- 0,66	0,89
n = 234	$E_{c,0}$	[N/mm²]	- 0,05	- 0,68	1,00
Druck, Keilzinken	$f_{c,0,fj}$	[N/mm²]	0,37	-	0,66
n = 31	$E_{c,0,fj}$	[N/mm²]	0,11	-	1,00

[1] niedrigere Darr-Rohdichte der beiden Lamellen

Tabelle 2-7 lineare Regressionsgleichungen für bi-lineares Modell, getrennt nach Druck- und Zugprüfkörpern

Druck-Prüfkörper (Vollholz n=234; Keilzinkenverbindung n=31)					r
f_c [N/mm²]	=	+ 29,0	- 48,4·KAR [-]	+ 0,031·ρ_0 [kg/m³]	**0,68**
$f_{c,fj}$ [N/mm²]	=	+ 13,0		+ 0,052·ρ_0 [kg/m³]	**0,37**
E_c [N/mm²]	=	+ 8035	- 17831·KAR [-]	+ 7,41·ρ_0 [kg/m³]	**0,69**
$E_{c,fj}$ [N/mm²]	=	+ 9115		+ 6,15·ρ_0 [kg/m³]	**0,11**

Tabelle 2-7 (Forts.) lineare Regressionsgleichungen für bi-lineares Modell, getrennt nach Druck- und Zugprüfkörpern

Zug-Prüfkörper (Vollholz n=330; Keilzinkenverbindung n=347)					r
f_t [N/mm²]	=	+ 3,6	- 162,5·KAR [-]	+ 0,125·ρ_0 [kg/m³]	**0,68**
$f_{t,fj}$ [N/mm²]	=	+ 44,6		+ 0,032·ρ_0 [kg/m³]	**0,07**
E_t [N/mm²]	=	+ 4066	- 17267·KAR [-]	+ 16,21·ρ_0 [kg/m³]	**0,72**
$E_{t,fj}$ [N/mm²]	=	+ 3947		+ 16,79·ρ_0 [kg/m³]	**0,26**

Somit liefert die Darr-Rohdichte nur einen geringen Beitrag zur Erklärung der Streuung von Festigkeit und Elastizitätsmodul. Deutlich wird dies auch bei den Regressionsgleichungen (Tabelle 2-7). Bei den Vollholz-Prüfkörpern liegen die Werte nur unbedeutend höher als die entsprechenden Korrelationskoeffizienten mit der Ästigkeit allein. Auch zur Erklärung der Streuung der Festigkeit und des E-Moduls der Prüfkörper mit Keilzinkenverbindungen liefert die Rohdichte keinen nennenswerten Beitrag. Hierbei liegen die Korrelationen zwischen 0,07 und 0,37. Bild 2-19 und Bild 2-20 verdeutlichen am Beispiel der natürlichen, nicht keilgezinkten Brettelemente, dass die Parameter Rohdichte und Ästigkeit nur begrenzt geeignet sind, insbesondere die höheren Festigkeiten befriedigend zu berechnen.

Bei der Simulation eines BS-Holzträgers muss zusätzlich die Abhängigkeit von Festigkeit und Steifigkeit berücksichtigt werden. Damit soll eine nicht plausible Zuordnung von Simulationswerten unterbunden werden. Bild 2-21 und Bild 2-22 zeigen exemplarisch für die Vollholzversuche die Korrelation der Residuen von Festigkeit und Elastizitätsmodul für Zug- und Druckversuche.

Dies zeigt, dass eine rein visuelle Beurteilung von Buchenbrettern zur Festigkeits- und Elastizitätsmodulbestimmung nicht sehr geeignet ist. Dagegen weist der enge Zusammenhang zwischen Elastizitätsmodul und Festigkeit darauf hin, dass eine maschinelle Sortierung, z.B. mit einem kombinierten Röntgen- und Schwingungsverfahren, ein hohes Potential hat, die hohen Festigkeitseigenschaften von Buchenholz auszunutzen.

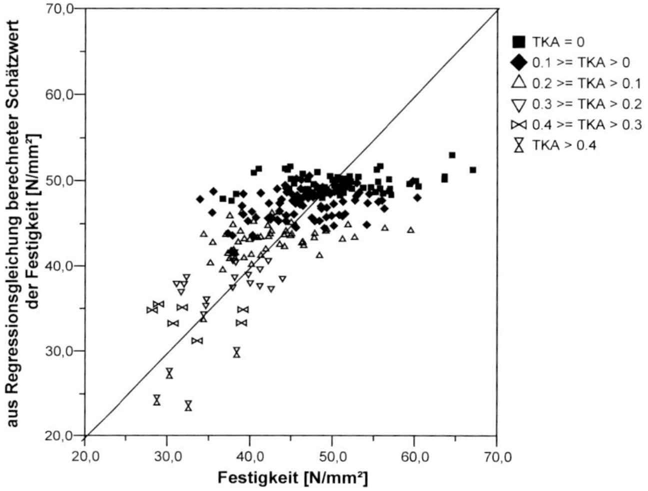

Bild 2-19 Zusammenhang zwischen dem Schätzwert der Druckfestigkeit und den Versuchswerten, Druck-Vollholz-Prüfkörper, n = 234

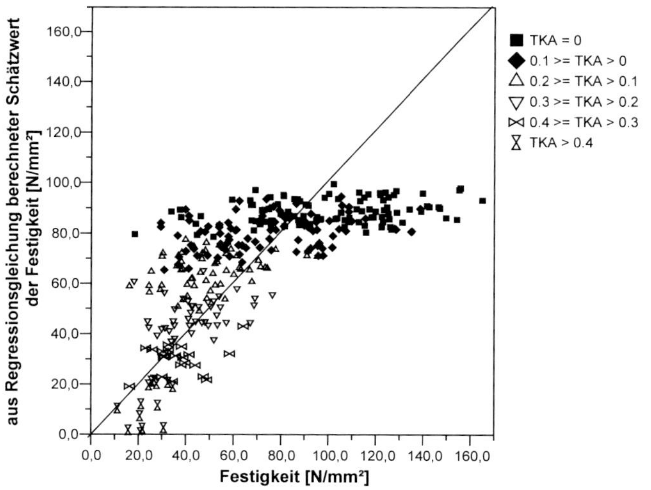

Bild 2-20 Zusammenhang zwischen dem Schätzwert der Zugfestigkeit und den Versuchswerten, Zug-Vollholz-Prüfkörper, n = 330

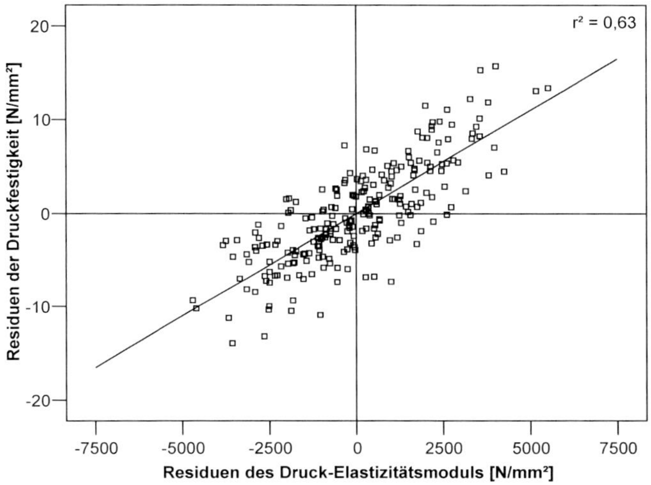

Bild 2-21 Korrelation der Residuen der Regressionsrechnungen (Tabelle 7) für Druckfestigkeit und Druck-Elastizitätsmodul, Vollholz-Prüfkörper, n = 234

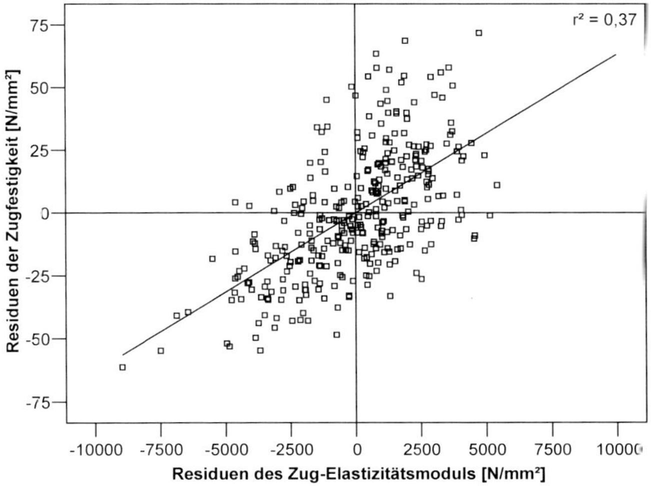

Bild 2-22 Korrelation der Residuen der Regressionsrechnungen (Tabelle 2-7) für Zugfestigkeit und Zug-Elastizitätsmodul, Vollholz-Prüfkörper, n = 330

2.4.4 Nichtlineares Modell zur Beschreibung der Druck-Arbeitslinie

Neben der bi-linearen Beschreibung der Arbeitslinie bei Druckbeanspruchung wurde auch ein von Glos 1978 für Fichte entwickeltes, nichtlineares Modell zur Beschreibung der Druck-Arbeitslinie von Buche angepasst. Dieser Ansatz erfordert fünf Parameter zur Beschreibung der Druck-Arbeitslinie (Bild 2-23). Neben den in dem bilinearen Modell verwendeten Parametern Festigkeit und Elastizitätsmodul werden hier die Bruchdehnung und die für Druckversuche typische asymptotische Endfestigkeit, d.h. das stabile Spannungsniveau nach Ausbilden der Druckfalte, mit in das Modell einbezogen. Für die Beschreibung von Buchenlamellen hat sich in einer Vorauswertung ein konstanter Exponent von N = 4 als am besten geeignet herausgestellt. Gleichung (1) zeigt die Berechnungsformel und die einzuhaltenden Bedingungen für den Fall N = 4 = const. Im Vergleich zu dem bi-linearen Modell kann die Druck-Arbeitslinie mit diesem mehrparametrigen Ansatz besser beschreiben werden. Der Elastizitätsmodul wird nicht überschätzt und die Bruchdehnung nicht unterschätzt. Durch die Berücksichtigung der Endfestigkeit kann einem Element auch nach dem Bruch noch eine zutreffende Resttragfähigkeit zugewiesen werden. Die vier Parameter dieses Modells werden über Regressionsgleichungen aus den Parametern Ästigkeit KAR und Darr-Rohdichte getrennt für Vollholz- und Keilzinken-Prüfkörper bestimmt (Tabelle 2-8). Bei den keilgezinkten Prüfkörpern ist aufgrund des astfreien Prüfbereichs erwartungsgemäß die Korrelation zwischen dem Schätzwert der Regression und dem Messwert des Versuchs niedriger als bei den Vollholz-Prüfkörpern. In Bild 2-24 ist die Korrelation zwischen den Residuen Keilzinkenfestigkeit und-Elastizitätsmodul dargestellt.

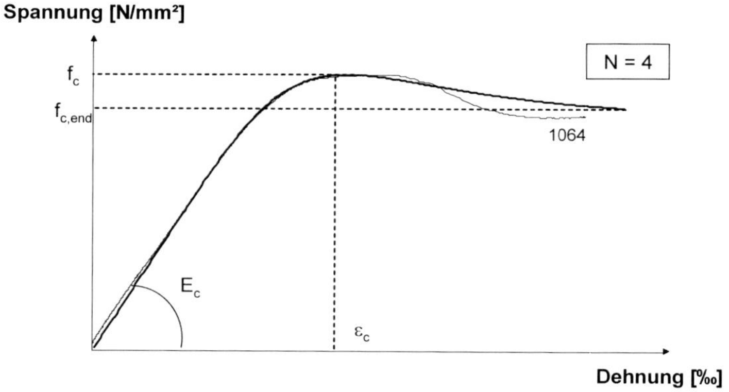

Bild 2-23 Eingangsgrößen in das multivariate Modell zur Anpassung von Druck-Arbeitslinien am Beispiel der Probe 1064

Tabelle 2-8 lineare Regressionsgleichungen für mehrparametrigen Ansatz zur Beschreibung der Druck-Arbeitslinie

Vollholz-Prüfkörper Druck, n = 234					r
f_c [N/mm²]	=	+ 29,0	- 48,4·KAR [-]	+ 0,031·ρ_0 [kg/m³]	**0,68**
$f_{c,end}$ [N/mm²]	=	+ 15,3	- 27,7·KAR [-]	+ 0,035·ρ_0 [kg/m³]	**0,56**
E_c [N/mm²]	=	+ 8035	- 17831·KAR [-]	+ 7,41·ρ_0 [kg/m³]	**0,69**
ε_c **[‰]**	=	+ 3,62	+ 4,39·KAR [-]	- 0,003·ρ_0 [kg/m³]	**0,57**
Keilzinken-Prüfkörper Druck, n = 31					**r**
$f_{c,fj}$ [N/mm²]	=	+ 13,0		+ 0,052·ρ_0 [kg/m³]1)	**0,37**
$f_{c,end,fj}$ [N/mm²]	=	- 2,93		+ 0,064·ρ_0 [kg/m³]1)	**0,59**
$E_{c,fj}$ [N/mm²]	=	+ 9115		+ 6,15 ρ_0 [kg/m³]1)	**0,11**
$\varepsilon_{c,fj}$ **[‰]**	=	+ 2,49		+ 0,004·ρ_0 [kg/m³]1)	**0,10**

1) niedrigere Darr-Rohdichte der beiden Lamellen

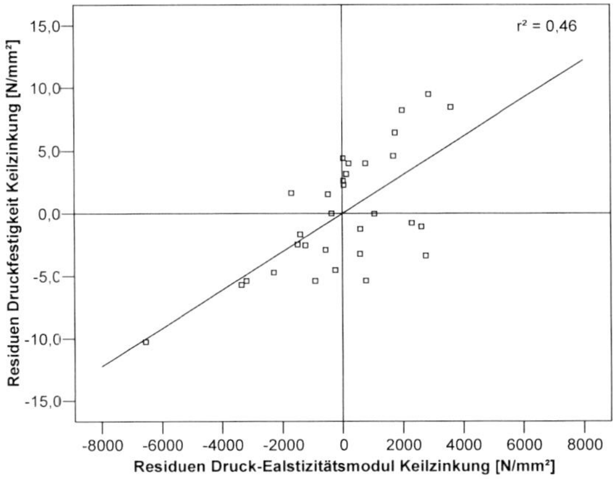

Bild 2-24 Korrelation der Residuen der Regressionsrechnungen (Tabelle 2-8) für Druckfestigkeit und Druck-Elastizitätsmodul, Keilzinken-Prüfkörper, n = 31

Gleichung (1) Gleichungssystem des multivariaten Ansatzes für N = 4 const.

$$f_c = \frac{\varepsilon_c + k_1 \cdot \varepsilon^4}{k_2 + k_3 \cdot \varepsilon_c + k_4 \cdot \varepsilon_c^4} \qquad (1)$$

$$k_1 = \frac{f_{c,end}}{3 \cdot E_c \cdot \varepsilon_c^4 \cdot \left(1 - \frac{f_{c,end}}{f_c}\right)}$$

$$k_2 = \frac{1}{E_c}$$

$$k_3 = \frac{1}{f_c} - \frac{4}{3} \cdot \frac{1}{E_c \cdot \varepsilon_c}$$

$$k_4 = \frac{1}{3 \cdot E_c \cdot \varepsilon_c^4 \cdot \left(1 - \frac{f_{c,end}}{f_c}\right)}$$

Bedingungen:

$$f_{c,end} \leq f_c - 1$$

$$\varepsilon_c \geq \frac{4}{3} \cdot \frac{f_c}{E_c}$$

3 Festigkeitssortierung von Buchenbrettern

Zunächst werden die Möglichkeiten der Festigkeitssortierung von Buchenbrettern kurz dargestellt. Glos und Lederer 2000 machen Vorschläge für eine visuelle Sortierung von Buchenbrettern. Um eine charakteristische Zugfestigkeit von 18 N/mm² zu erreichen (D30) sind Bretter mit groben Fehlern und Einzelästen mit DEB-Werten > 0,33 auszusortieren. Werden zusätzlich Bretter mit Markröhre aussortiert, kann eine charakteristische Zugfestigkeit von 24 N/mm² erreicht werden (D40). In DIN 1052 werden mittlerweile den Sortierklassen LS10 und LS13 für Buche aus Europa die Festigkeitsklassen D35 bzw. D40 zugeordnet. Glos und Lederer 2000 beobachteten eine Korrelation mit r=0,70 zwischen Zugfestigkeit und Zug-E-Modul nach DIN EN 408. Für die Korrelation zwischen Zugfestigkeit und DEB-Wert geben sie r=0,63 an. Gestützt werden ihre Beobachtungen durch Untersuchungen von Frühwald und Schickhofer 2004. Sie ermittelten an 115 Buchenbrettern eine Korrelation mit r=0,51 zwischen Zugfestigkeit nach DIN EN 408 und dem dynamischen E-Modul. Der dynamische E-Modul ist mit dem statischen nach DIN EN 408 mit r=0,81 korreliert. Zugfestigkeit und Ästigkeit sind im Falle des DEB-Wertes mit r=0,58 korreliert. Becker und Ressel 2004 erkennen in Ihrer Forschungsarbeit über hochfestes Brettschichtholz aus Buche die Notwendigkeit einer geeigneten Festigkeitssortierung von Buchenbrettern und deuten auf diesem Gebiet weiteren Forschungsbedarf an.

Der derzeitige Kenntnisstand auf dem Gebiet der Festigkeitssortierung von Buchenbrettern zeigt an, dass mindestens eine visuelle Sortierung der Bretter für die Herstellung von Brettschichtholz erforderlich ist. Um allerdings höhere charakteristische Festigkeiten zu erreichen, ist aufgrund der Korrelation zwischen E-Modul und Festigkeit eine maschinelle Sortierung der Buchenbretter nach dem E-Modul unerlässlich.

3.1 Visuelle Sortierung

Im Hinblick auf eine visuelle Sortierung von Buchenbrettern wird in der Forschungsarbeit die Tragfähigkeit von Brettschichtholz aus Buchenbrettern untersucht, die der Sortierklasse LS13 nach DIN 4074 Teil 5 entsprechen. Diese Untersuchung wird nicht auf experimentellem Wege durchgeführt, sondern mithilfe des Rechenmodells. Tabelle 3-1 zeigt im Vergleich die wesentlichen Kriterien der Klassen LS10 und LS13. Die in DIN 1052 geregelte Zuordnung der Sortierklasse LS13 zur Festigkeitsklasse D40 wird in das Rechenmodell übernommen. Auf diese Weise wird die Tragfähigkeit von Trägern berechnet, deren Bretter der Festigkeitsklasse D40 entsprechen. Ein aussagekräftiger Vergleich bezüglich der Tragfähigkeit mit Brettschichtholz GL36 aus Nadelholz der Festigkeitsklasse C40 ist damit möglich. Der Vorteil einer visuellen Sortierung liegt in einer zügigen Einführung von Brettschichtholz aus Buche bei den Herstellern.

Tabelle 3-1 Sortierklassen für die visuelle Sortierung von Buchenbrettern

Sortierklasse	wesentliche Kriterien nach DIN 4074 Teil 5	Festigkeitsklasse nach DIN 1052
LS13	DEB<0,20; markfrei	D40
LS10	DEB<0,33; markfrei	D35

3.2 Klassifizierung nach dem dynamischen E-Modul

In Tabelle 3-2 ist eine Klassifizierung von Buchenbrettern nach dem dynamischen E-Modul festgelegt. Diese Klassifizierung liegt der Forschungsarbeit in den folgenden Abschnitten zugrunde. Sie eignet sich im Ansatz zur maschinellen Sortierung von Buchenbrettern hinsichtlich der Ausbeute und der Festigkeits- und Steifigkeitseigenschaften der daraus aufgebauten Brettschichtholzträger. Bezüglich der in Tabelle 3-2 angegebenen Klassen und der Festigkeitsklassen D30 bis D70 nach DIN 1052 gibt es noch keinen experimentell nachgewiesenen Zusammenhang.

Tabelle 3-2 System von 5 Klassen für die Klassifizierung von Buchenbrettern nach dem dynamischen E-Modul

Klasse	Grenzen für den dynamischen E-Modul [N/mm²]
1	$E_{dyn} \leq 13000$
2	$13000 < E_{dyn} \leq 14000$
3	$14000 < E_{dyn} \leq 15000$
4	$15000 < E_{dyn} \leq 16000$
5	$16000 < E_{dyn}$

4 Modellierung der mechanischen Eigenschaften von Brettelementen

4.1 Allgemeines

In diesem Abschnitt werden die in Abschnitt 2.3 ermittelten Festigkeits- und Steifigkeitseigenschaften von Brettabschnitten und Keilzinkenverbindungen im Hinblick auf die Einarbeitung in das Rechenmodell (Abschnitt 6) ausgewertet. Aufbauend auf die Ergebnisse im Abschnitt 2 zeigte sich, dass bezüglich der Modellierung der mechanischen Eigenschaften von Brettabschnitten und Keilzinkenverbindungen die Regressionsbeziehungen zu erweitern waren.

Für die Biegefestigkeit und den Biege-E-Modul - ermittelt nach DIN EN 408 - sind im wirklichen Brettschichtholzträger die sich in Brettlängsrichtung sprunghaft oder stetig ändernden Wertepaare der faserparallelen mechanischen Eigenschaften Druckfestigkeit/Druck-E-Modul und Zugfestigkeit/Zug-E-Modul von Bedeutung. Für die Bestimmung dieser Werte ist ein geeignetes Modell zu finden, damit sie bei der Modellierung eines Brettschichtholzträgers wirklichkeitsnah berechnet werden können. Mithilfe der Regressionsanalyse wird eine Schätzfunktionen für den Vorhersagewert einer Reaktionsvariablen in Abhängigkeit von einer oder mehreren erklärenden Variablen hergeleitet. Als erklärende Variablen in einem Regressionsmodell, dessen Reaktionsvariable in Bezug auf die Größe gezielt beeinflusst werden soll, eignen sich vor allem solche, die neben der notwendigen Korrelation mit der Reaktionsvariablen durch einen Erkennungsprozess hier im Sinne einer visuellen oder maschinellen Festigkeitssortierung erfasst werden können.

4.2 Die Versuchsdaten

Ein Brettschichtholzträger ist neben geringen Mengen Klebstoffs aus „Brettabschnitten“ und „Keilzinkenverbindungen“ aufgebaut. Bei Brettabschnitten sind die Ästigkeit, die Rohdichte und der räumliche Faserverlauf die wichtigsten Strukturmerkmale. Bei Keilzinkenverbindungen entfällt die Ästigkeit. Hinzu kommt als wichtigstes Strukturmerkmal die unter gegebenen Produktionsbedingungen künstlich geschaffene Keilzinkenverbindung und ihr Zustand.

Insgesamt wurden 642 (50) Druck- und 486 (371) Zugversuche an Brettabschnitten (an Keilzinkenverbindungen) durchgeführt. Bild 4-1 a) und c) verdeutlicht den Zusammenhang zwischen E-Modul und DEB-Wert sowie Darr-Rohdichte, Bild 4-1 b) und d) den zwischen Festigkeit und DEB-Wert sowie E-Modul jeweils für Brettabschnitte. Bild 4-2 a) und c) verdeutlicht den Zusammenhang zwischen E-Modul und den Darr-Rohdichten, Bild 4-2 b) und d) den zwischen der Festigkeit und dem E-Modul sowie der kleineren Darr-Rohdichte jeweils für Keilzinkenverbindungen.

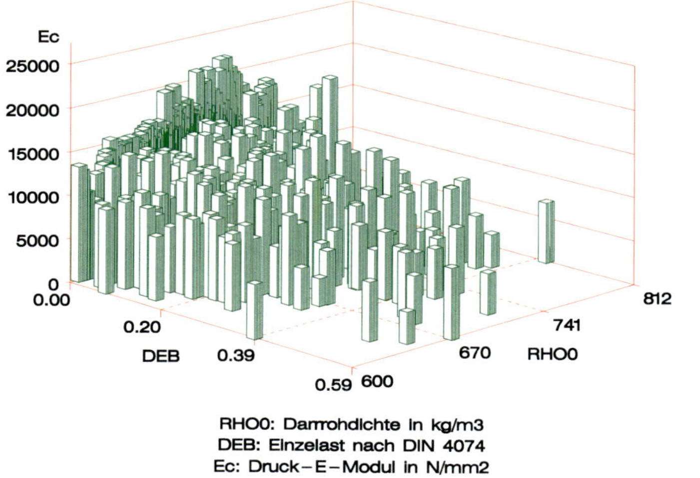

a)

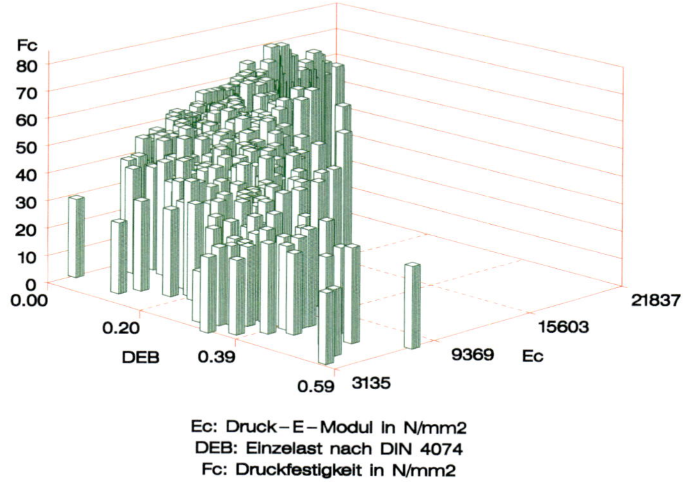

b)

Bild 4-1 Mechanische Eigenschaften von Brettabschnitten. Druck-E-Modul a) und Zug-E-Modul c) jeweils in Abhängigkeit von Darr-Rohdichte und DEB-Wert sowie Druckfestigkeit b) und Zugfestigkeit d) jeweils in Abhängigkeit von E-Modul und DEB-Wert

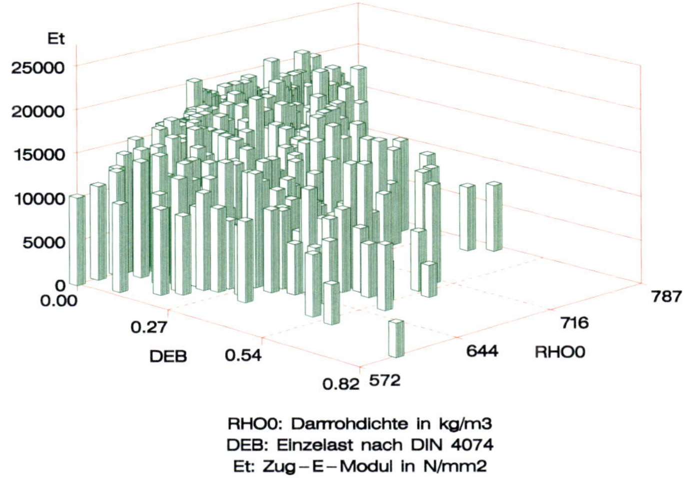

c)

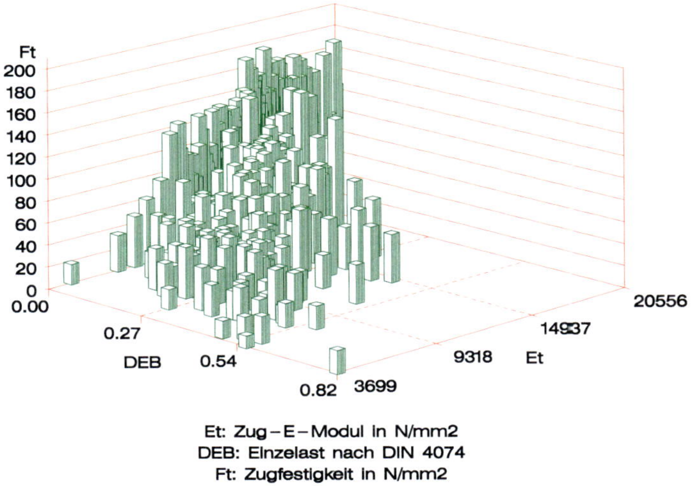

d)

Bild 4-1 (Forts.) Mechanische Eigenschaften von Brettabschn tten. Druck-E-Modul a) und Zug-E-Modul c) jeweils in Abhängigkeit von Darr-Rohdichte und DEB-Wert sowie Druckfestigkeit b) und Zugfestigkeit d) jeweils in Abhängigkeit von E-Modul und DEB-Wert

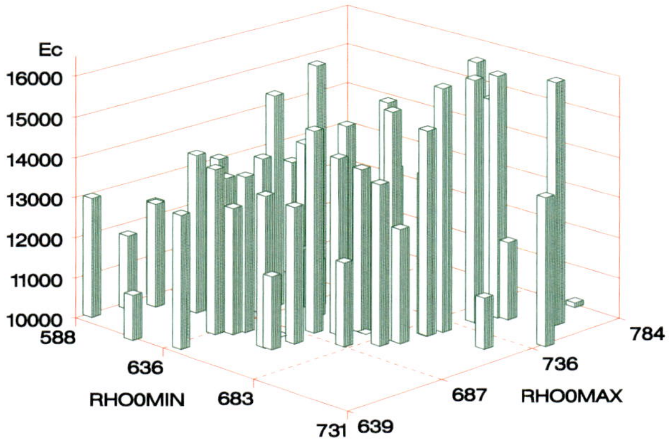

a)

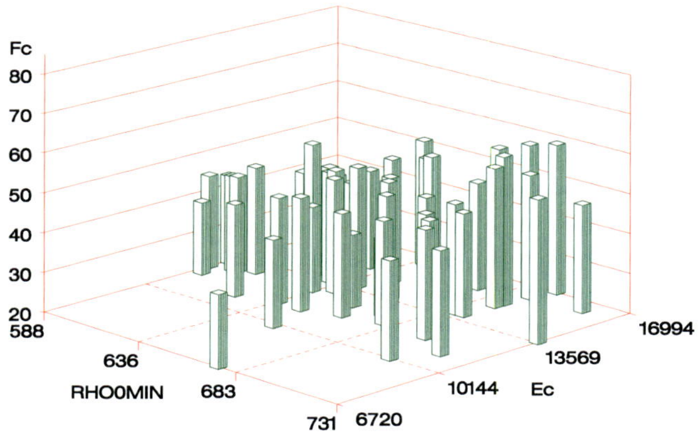

b)

Bild 4-2 Mechanische Eigenschaften von Keilzinkenverbindungen. Druck-E-Modul a) und Zug-E-Modul c) jeweils in Abhängigkeit von der höheren beziehungsweise kleineren Darr-Rohdichte sowie Druckfestigkeit b) und Zugfestigkeit d) jeweils in Abhängigkeit vom E-Modul und der kleineren Darr-Rohdichte der gestoßenen Brettabschnitte

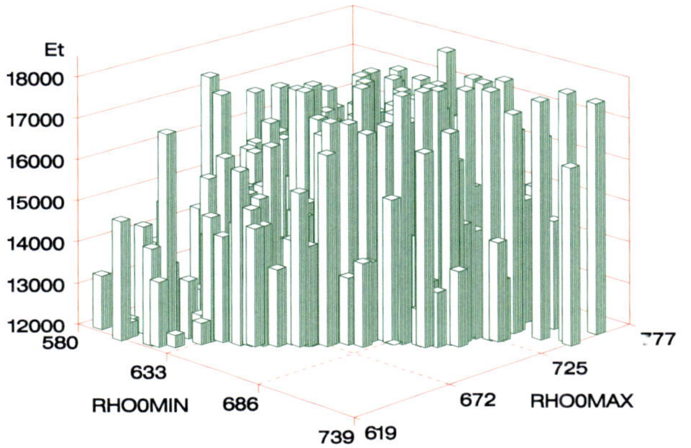

RHOOMAX: maximale Darrohdichte in kg/m3
RHOOMIN: minimale Darrohdichte in kg/m3
Et: Zug-E-Modul in N/mm2

c)

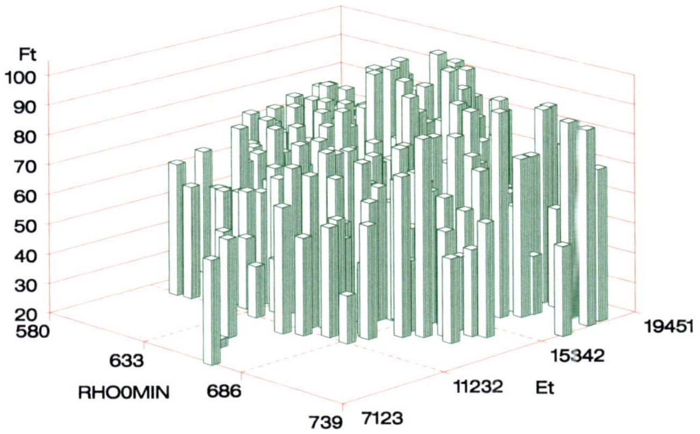

Et: Zug-E-Modul in N/mm2
RHOOMIN: minimale Darrohdichte in kg/m3
Ft: Zugfestigkeit in N/mm2

d)

Bild 4-2 (Forts.) Mechanische Eigenschaften von Keilzinken-verbindungen. Druck-E-Modul a) und Zug-E-Modul c) jeweils in Abhängigkeit von der höheren beziehungsweise kleineren Darr-Rohdichte sowie Druckfestigkeit b) und Zugfestigkeit d) jeweils in Abhängigkeit vom E-Modul und der kleineren Darr-Rohdichte der gestoßenen Brettabschnitte

4.3 Modelle für Brettabschnitte

Die Festigkeit und der E-Modul sind eng miteinander korreliert. Das gilt für Druck- wie auch für Zugbeanspruchung. Es wurde daher bei der Modellierung zunächst der E-Modul als erste Reaktionsvariable und dann die Festigkeit als zweite Reaktionsvariable modelliert, wobei der E-Modul Reaktions- und erklärende Variable zugleich ist. Dieses Vorgehen wurde in Anlehnung an Görlacher 1990 gewählt. Die Regressionsgleichungen (2) bis (5) sind das Ergebnis der Regressionsanalyse für die Beschreibung der mechanischen Eigenschaften von Brettabschnitten.

$$\ln(E_c) = -3{,}46 + 3{,}91 \cdot 10^{-2} \cdot \rho_0 - 7{,}44 \cdot 10^{-2} \cdot u - 1{,}92 \cdot DEB - 2{,}75 \cdot 10^{-5} \cdot \rho_0^{\,2} \quad (2)$$

$$\ln(f_c) = 2{,}88 + 1{,}12 \cdot 10^{-4} \cdot E_c - 2{,}71 \cdot 10^{-9} \cdot E_c^{\,2} \quad (3)$$

$$\ln(E_t) = 3{,}36 \cdot 10^{-1} + 2{,}64 \cdot 10^{-2} \cdot \rho_0 - 1{,}56 \cdot DEB - 1{,}87 \cdot 10^{-5} \cdot \rho_0^{\,2} \quad (4)$$

$$\ln(f_t) = 3{,}09 + 9{,}76 \cdot 10^{-5} \cdot E_t - 1{,}54 \cdot 10^{-4} \cdot E_t \cdot DEB \quad (5)$$

Die Korrelationskoeffizienten und Standardabweichung der Residuen für die Gleichungen (2) bis (5) sind in Tabelle 4-1 aufgeführt. Bild 4-3 zeigt den Wert der Reaktionsvariablen der Regressionsgleichungen als gekrümmte Fläche in Abhängigkeit der erklärenden Variablen.

Tabelle 4-1 Korrelationskoeffizienten und Standardabweichung der Residuen

	r	s	n
Druck-E-Modul	0,791	0,168	636
Druckfestigkeit	0,895	0,0759	635
Zug-E-Modul	0,764	0,182	482
Zugfestigkeit	0,881	0,239	473

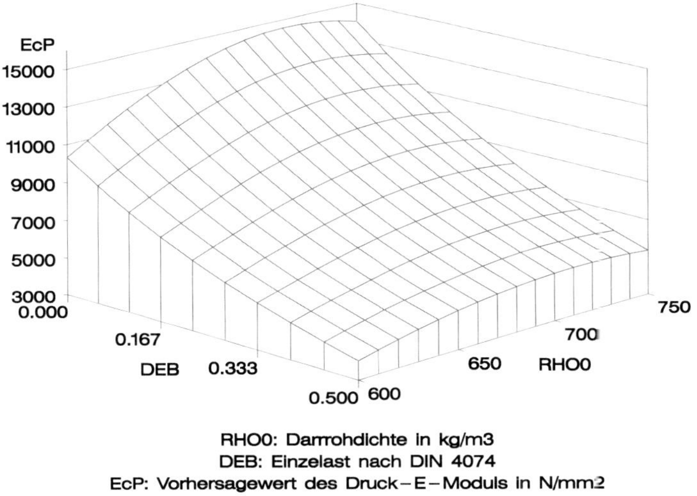

a)

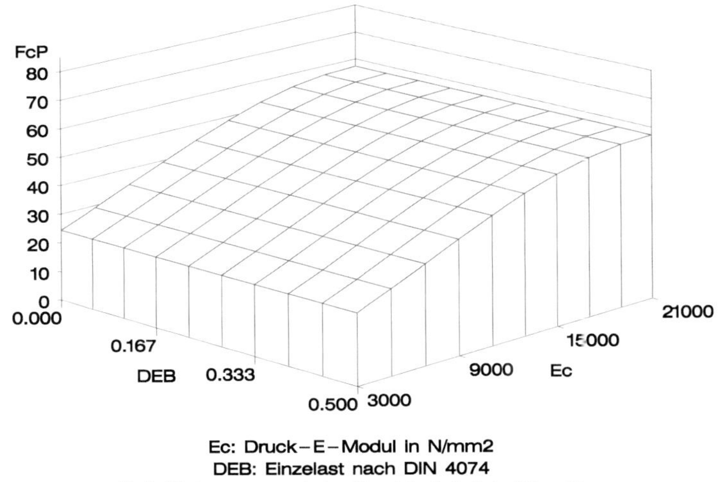

b)

Bild 4-3 Vorhersagewerte für den Druck-E-Modul a) die Druckfestigkeit b) bei jeweils 12% Holzfeuchte den Zug-E-Modul c) und die Zugfestigkeit d) für Brettabschnitte

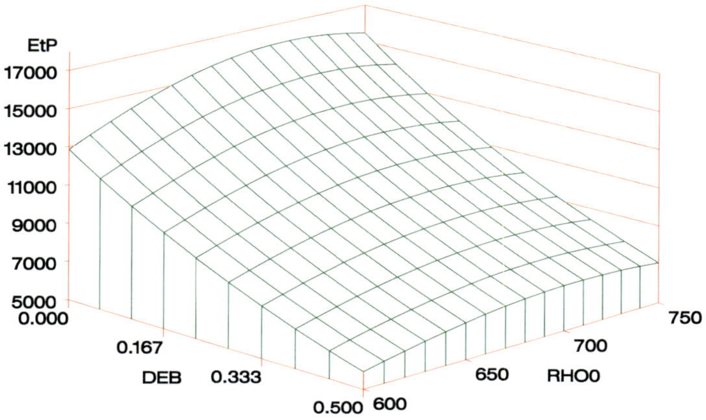

c)

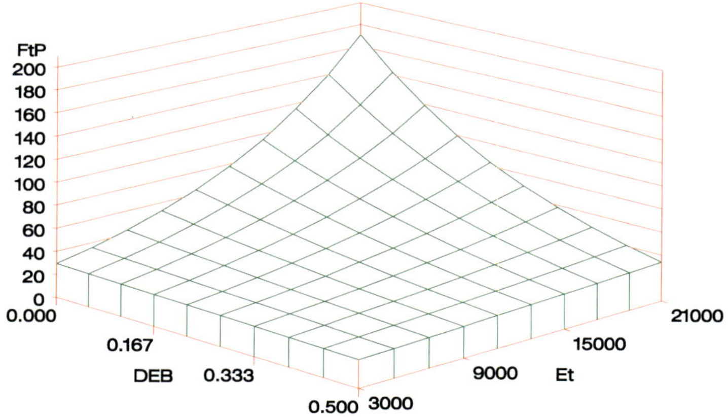

d)

Bild 4-3 (Forts.) Vorhersagewerte für den Druck-E-Modul a) die Druckfestigkeit b) bei jeweils 12% Holzfeuchte den Zug-E-Modul c) und die Zugfestigkeit d) für Brettabschnitte

In Voruntersuchungen konnte gezeigt werden, dass die Werte DEB DAB und KAR in Bezug auf eine Vorhersage der mechanischen Eigenschaften in den Regressionsgleichungen etwa gleichwertig zu behandeln sind. Aus folgenden Gründen wird der DEB- Wert als erklärende Variable verwendet.

1. Glos und Lederer 2000 konnten zeigen, dass bei der visuellen Sortierung von 219 Buchenbrettern mit den Sortierkriterien DEB $\leq$ 0,33 und gleichzeitig DAB $\leq$ 0,50 nur in einem Fall der DAB-Wert größer 0,50 und gleichzeitig der DEB-Wert kleiner 0,33 war.

2. Bild 4-4 zeigt den Zusammenhang zwischen maximalem DEB- und maximalem DAB-Wert der 350 Bretter für die Versuche an Brettabschnitten. Die vertikalen Linien verdeutlichen die Zahlenwerte der Kriterien für die Astansammlung und die horizontalen für den Einzelast. Die Punkte auf der Diagonalen stehen für Bretter, bei denen der maximale DEB-Wert dem maximalen DAB-Wert entspricht. Die Punkte unterhalb der Winkelhalbierenden für Bretter, bei denen der maximale DAB-Wert überwiegt. Davon werden 5 Bretter beobachtet, für die eine visuelle Sortierung nach dem DAB-Wert eine niedrigere Sortierklasse ergeben würde. Bei einer Sortierung allein nach dem DEB-Wert werden insgesamt 345/350·100=98,6% aller Bretter korrekt sortiert.

3. Bild A-6 zeigt den Zusammenhang zwischen maximalem DEB- und maximalem DAB-Wert von 1888 Brettern für die Herstellung von Versuchsträgern. Daraus geht hervor, dass bei nur acht Brettern der DAB-Wert zu einer niedrigeren Sortierklasse führen würde. 1880/1888·100=99,6% aller Bretter werden anhand des DEB-Wertes korrekt sortiert.

4. Die Untersuchung der Tragfähigkeit von Brettschichtholz aus Buche mit einem Rechenmodell ermöglicht die Festlegung von Grenzwerten für Sortierkriterien. Mit diesen kann Ausgangsmaterial für bestimmte Sortier- oder Festigkeitsklassen simuliert werden. Für den einfach zu ermittelnden DEB-Wert lassen sich mit dem Rechenmodell direkt Zahlenwerte für Grenzwerte ableiten, die bei der visuellen Sortierung Anwendung finden können.

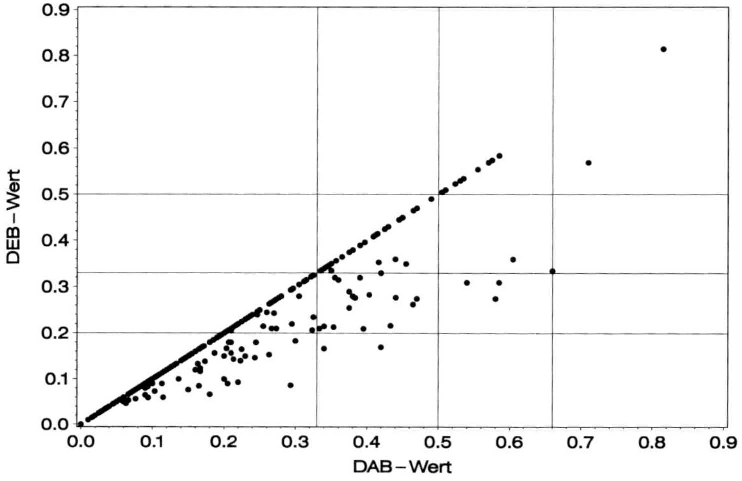

Bild 4-4 Zusammenhang zwischen DEB- und DAB-Wert

4.4 Autokorrelation der Residuen bei Brettabschnitten

Die mechanischen Eigenschaften von Brettabschnitten sind in der Weise zu modellieren, dass sie in der Abfolge keilgezinkte Brettlamellen wirklichkeitsnah beschreiben. Hierbei ist zu berücksichtigen, dass es zum einen Bretter von durchweg besserer und schlechterer Qualität gibt – Streuung innerhalb des Brettangebots - und zum anderen Bretter, deren mechanische Eigenschaften in Brettlängsrichtung mehr oder weniger streuen – Reststreuung innerhalb eines Brettes. In diesem Zusammenhang wurden an 20 bzw. 30 Brettern Seriendruck- bzw. Serienzugversuche durchgeführt, s. Bild 2-8.

Um die Reststreuung der vier mechanischen Eigenschaften innerhalb eines Brettes zu beschreiben, wurde für jede Eigenschaft die Standardabweichung der Residuen jeweils eines Brettes berechnet. Das führt auf 20 bzw. 30 brettbezogene Standardabweichungen. Tabelle 4-2 enthält den Mittelwert und die Standardabweichung dieser Werte.

Mit den beiden bekannten Randbedingungen Verteilung der Residuen, s. Tabelle 4-1 und Verteilung der brettbezogenen Standardabweichung wurden der Mittelwert und die Standardabweichung der Verteilung für die Reststreuung innerhalb des Brettangebots iterativ ermittelt.

Tabelle 4-2 Mittelwert und Standardabweichung der brettbezogenen Standardabweichung

	MW	s	Bretter	Residuen
Druck-E-Modul	0,0978	0,0350	20	258
Druckfestigkeit	0,0434	0,0166	20	258
Zug-E-Modul	0,106	0,0784	30	132
Zugfestigkeit	0,146	0,0803	30	132

4.5 Modelle für Keilzinkenverbindungen

4.5.1 Druckzone - Rohdichte als erklärende Variable

Für die Druckzone ermöglichen die Regressionsgleichungen (6) und (7) die Vorhersage der mechanischen Eigenschaften für Brettabschnitte mit Keilzinkenverbindungen. Die Korrelationskoeffizienten und Standardabweichung der Residuen für die Gleichungen sind in Tabelle 4-3 aufgeführt. Bild 4-5 stellt die Vorhersagewerte der mechanischen Eigenschaften von Keilzinkenverbindungen als Fläche über einem zweidimensionalen Merkmalsbereich dar.

$$E_{c,fj} = 1{,}01 \cdot 10^5 - 1{,}55 \cdot 10^4 \cdot u + 6{,}44 \cdot 10^2 \cdot u^2 + 9{,}57 \cdot 10^{-3} \cdot \rho_{0,max}^{\;2} \qquad (6)$$

$$f_{c,fj} = -2{,}10 \cdot 10^2 + 40{,}4 \cdot u - 1{,}74 \cdot u^2 + 2{,}73 \cdot 10^{-6} \cdot E_{c,fj} \cdot \rho_{0,min} \qquad (7)$$

Tabelle 4-3 Korrelationskoeffizienten und Standardabweichung der Residuen

	r	s	n
Druck-E-Modul	0,32	1810	50
Druckfestigkeit	0,77	3,31	50

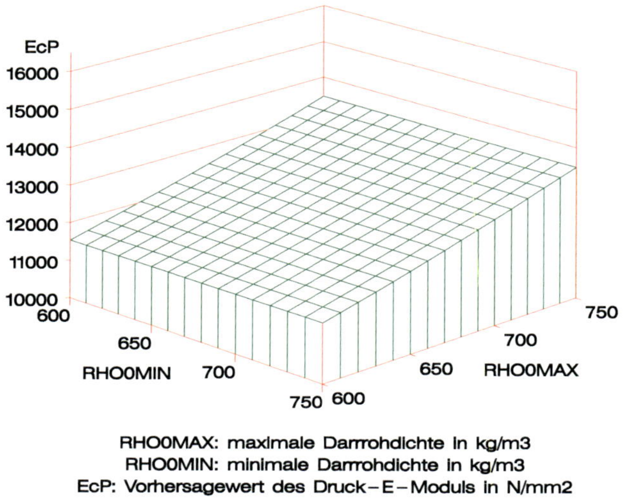

a)

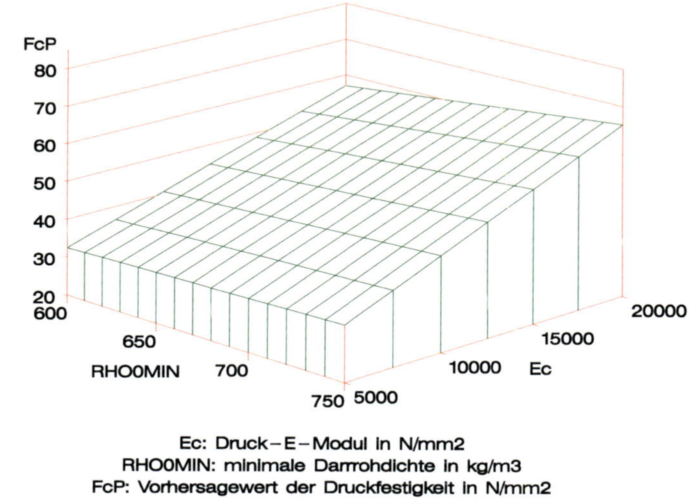

b)

Bild 4-5 Vorhersagewerte für den Druck-E-Modul a) und die Druckfestigkeit b) bei jeweils 12% Holzfeuchte

4.5.2 Zugzone - dynamischer E-Modul als erklärende Variable

Aicher et al. 2001 konnten in Versuchen mit Keilzinkenprüfkörpern aus Buchenbrettern zeigen, dass zwischen der Zugfestigkeit und dem kleineren Zug-E-Modul eines statischen Zugversuchs der beiden verbundenen Teile eine Korrelation mit r=0,67 besteht. Der Anfang der Messstrecke lag 0,5·b und das Ende 3,5·b von der Keilzinkung entfernt. Die Brettbreite b betrug 115 mm. Damit wäre der Zug-E-Modul von mindestens 2 benachbarten Brettabschnitten des entsprechenden angrenzenden Brettes mit von Einfluss auf die Zugfestigkeit der Keilzinkenverbindung. Um diesem Einfluss gerecht zu werden, werden für die Zugzone Regressionsgleichungen hergeleitet, die den dynamischen E-Modul der miteinander keilgezinkten Bretter als erklärende Variable berücksichtigen.

4.5.2.1 Modellierung einer maschinellen Sortierung der Bretter

Bei der Herstellung von Brettschichtholzträgern mit maschinell sortierten Brettern – E-Modul als Maschinenparameter vorausgesetzt - wird eine geringe Abweichung des E-Moduls zweier miteinander keilgezinkter Bretter gewährleistet sein. In der Regel werden die Randlamellen mit Brettern einer Festigkeitsklasse hergestellt. Auch im Inneren des Trägers können benachbarte Bretter mit ähnlichen Steifigkeitseigenschaften erwartet werden. Die 350 Bretter wurden nach dem Schwingungs-E-Modul, s. Tabelle 3-2 klassifiziert. Berücksichtigt man, dass ausschließlich Bretter einer Klasse miteinander keilgezinkt werden, dann lassen sich Regressionsbeziehungen für den Zug-E-Modul Gleichung (8) und die Zugfestigkeit Gleichung (9) von Keilzinken mit dem Schwingungs-E-Modul als erklärende Variable herleiten. Die Beziehung zwischen Zug-E-Modul bzw. Zugfestigkeit und Vorhersagewert zeigen Bild 4-6 und Bild 4-7. Die Korrelationskoeffizienten und Standardabweichung der Residuen für die Gleichungen sind in Tabelle 4-4 aufgeführt. Bei der Herleitung der Regressionsbeziehungen wurden also nur Keilzinkenverbindungen berücksichtigt, bei denen der kleinere Schwingungs-E-Modul der gemeinsam keilgezinkten Bretter mehr als 90% des größeren beträgt. Damit wird berücksichtigt, dass bezüglich des dynamischen E-Moduls zahlenmäßig gleichwertige Bretter keilgezinkt werden. Keilzinkenverbindungen, deren Bretter beispielsweise einen dynamischen E-Modul von 13000 N/mm² und 18000 N/mm² aufweisen, sind folglich ausgeschlossen.

$$E_{t,fj} = 3{,}20 \cdot 10^{3} + 0{,}823 \cdot E_{dyn,min} \quad (8)$$

$$f_{t,fj} = 63{,}2 - 8{,}27 \cdot 10^{-5} \cdot {\rho_{0,min}}^{2} + 1{,}82 \cdot 10^{-7} \cdot E_{dyn,min} \cdot E_{t,fj} \quad (9)$$

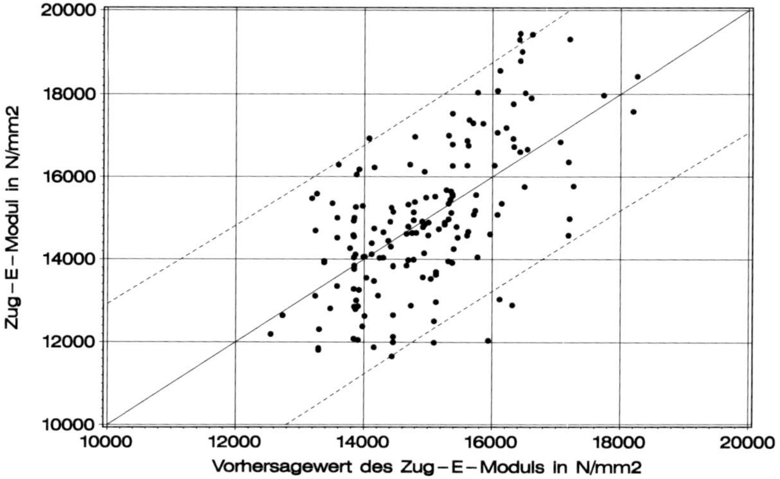

Bild 4-6 Zug-E-Modul von Keilzinkenverbindungen in Abhängigkeit vom Vorhersagewert nach Gleichung (8); 95% Vertrauensgrenzen

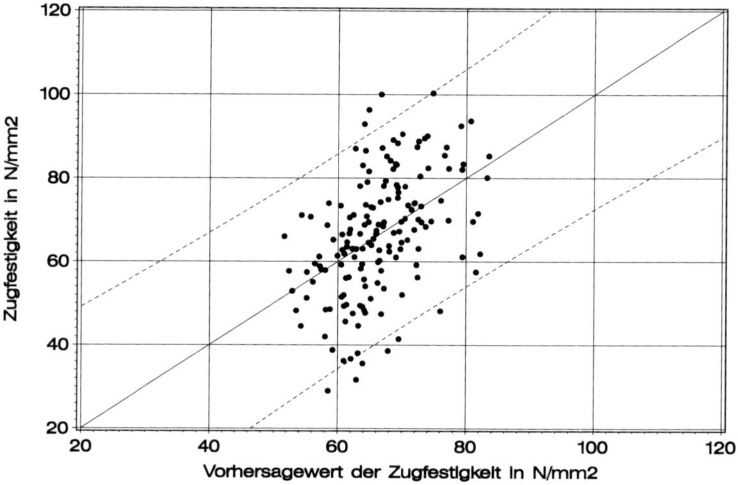

Bild 4-7 Zugfestigkeit von Keilzinkenverbindungen in Abhängigkeit vom Vorhersagewert nach Gleichung (9); 95% Vertrauensgrenzen

Tabelle 4-4 Korrelationskoeffizienten und Standardabweichung der Residuen

	r	s	n
Zug-E-Modul	0,63	1390	164
Zugfestigkeit	0,46	13,0	164

Wertet man die Zugfestigkeit nach den in Tabelle 4-5 angegebenen Klassen aus, führt das auf die Zusammenstellung der statistischen Kennwerte in Tabelle 4-6. Dieses Vorgehen geht prinzipiell konform mit der in DIN 1052 Anhang H aufgeführten Zuordnung von charakteristischen Biegefestigkeiten von Keilzinken zu den Festigkeitsklassen der Lamellen. Im hier vorliegenden Fall handelt es sich allerdings noch um Zugfestigkeiten nach Abschnitt 2.3. Es ist offensichtlich, dass der Mittelwert der Keilzinken-Zugfestigkeit mit steigender Klasse auch zunimmt. Die 5%-Quantilwerte und Minimalwerte hingegen nehmen nicht zu. Der Nachweis, dass die 5%-Quantile der Keilzinkenzugfestigkeit mit steigendem E-Modul der gestoßenen Bretter zunimmt, wird gegenwärtig am Lehrstuhl für Ingenieurholzbau und Baukonstruktionen erbracht.

Tabelle 4-5 System von 5 Klassen für die Klassifizierung von Keilzinkenverbindungen nach dem dynamischen E-Modul

Klasse	Grenzen für den kleineren dynamischen E-Modul der keilgezinkten Buchenbretter [N/mm²]
1	$E_{dyn,min} \leq 13000$
2	$13000 < E_{dyn,min} \leq 14000$
3	$14000 < E_{dyn,min} \leq 15000$
4	$15000 < E_{dyn,min} \leq 16000$
5	$16000 < E_{dyn,min}$

Tabelle 4-6 Statistische Kennwerte der Zugfestigkeit in N/mm² von Keilzinken aus nach dem dynamischen E-Modul klassifizierten Buchenbrettern

Klasse	n	5% Quantile	MW	s	min	max
1	33	30,8	57,0	12,6	29,1	78,1
2	39	48,1	63,1	10,7	44,5	86,6
3	46	41,6	69,0	15,5	36,7	100
4	27	40,3	72,0	16,2	38,0	100
5	19	-	72,3	15,4	23,1	90,6

4.5.2.2 Modellierung einer visuellen Sortierung der Bretter

Bei der Modellierung einer visuellen Sortierung entfällt die Bedingung, dass der dynamische E-Modul zweier keilgezinkter Bretter nur geringfügig voneinander abweicht. Bei Trägern aus visuell sortiertem Material ist es üblich, dass Bretter von hohem und niedrigem dynamischen E-Modul miteinander keilgezinkt werden. Diese Bedingung wirkt sich ungünstig auf die Keilzinken-Zugfestigkeit aus, weil der kleinere dynamische E-Modul der keilgezinkten Bretter die Zugfestigkeit in hohem Maße bestimmt. Für den Fall der visuellen Sortierung werden die Koeffizienten der Regressionsgleichungen (8) und (9) angepasst. Das führt auf die Gleichungen (10) und (11). Die Korrelationskoeffizienten und Standardabweichung der Residuen für die Gleichungen sind in Tabelle 4-7 aufgeführt. Im Ergebnis wird bei diesen Regressionen die Verteilung der Keilzinkenzugfestigkeit nach Bild 4-8 abgebildet.

$$E_{t,fj} = 1{,}08 \cdot 10^4 + 0{,}308 \cdot E_{dyn,min} \quad (10)$$

$$f_{t,fj} = 52{,}4 - 2{,}60 \cdot 10^{-5} \cdot \rho_{0,min}{}^2 + 1{,}21 \cdot 10^{-7} \cdot E_{dyn,min} \cdot E_{t,fj} \quad (11)$$

Tabelle 4-7 Korrelationskoeffizienten und Standardabweichung der Residuen

	r	s	n
Zug-E-Modul	0,31	1640	354
Zugfestigkeit	0,34	13,3	354

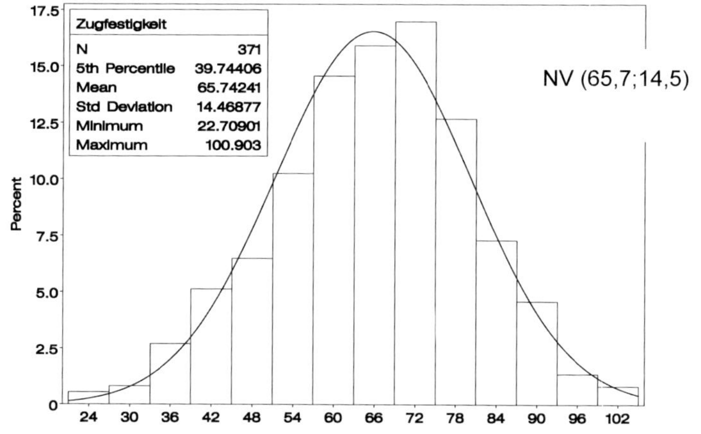

Bild 4-8 Häufigkeitsverteilung der Keilzinken-Zugfestigkeit vollständiges Kollektiv

5 Modellierung der strukturellen Eigenschaften von Buchenbrettern

5.1 Allgemeines

Nachdem die Voraussetzungen zur Modellierung der mechanischen Eigenschaften von Brettelementen gegeben sind, werden in diesem Abschnitt Modelle behandelt, welche die strukturellen Eigenschaften von Buchenbrettern beschreiben. Die mechanischen Eigenschaften von Brettelementen hängen nunmehr von den strukturellen Eigenschaften Darr-Rohdichte, Ästigkeit und Holzfeuchte ab. Die Anzahl von Keilzinkenverbindungen eines Brettschichtholzträgers hängt – gleiche Maße des Trägers vorausgesetzt - von der mittleren Brettlänge ab. Der dynamische E-Modul der Buchenbretter dient als entscheidendes Kriterium zum gezielten Aufbau von kombiniertem Brettschichtholz. Folglich müssen diese Eigenschaften in geeigneter Weise beschrieben werden, damit innerhalb des Simulationsabschnitts des Rechenmodells ein vollständiger Brettschichtholzträger modelliert werden kann. Es wurden insgesamt 1888 Buchenbretter untersucht, um die Eigenschaften Bruttorohdichte, Ästigkeit, Holzfeuchte, Brettlänge und dynamischer E-Modul zu beschreiben. Die untersuchten Bretter dienten abschließend zur Herstellung der Versuchsträger und erfüllten damit einen doppelten Zweck.

5.2 Das Brettmaterial

Drei in Deutschland ansässige Sägewerke lieferten die Bretter. Das Material kam jeweils zu einem Drittel aus dem Spessart (Bayern), aus Nordhessen und aus dem Schönbuch (Baden Württemberg). Bei dem Material handelte es um unbesäumte Bretter, die in den Sägewerken bereits 1 ½ bis 2 ½ Jahre überdeckt an der freien Luft lagerten. Die unbesäumten Bretter wurden in zwei Fällen zuerst technisch getrocknet und dann parallel besäumt. In einem Fall zuerst besäumt und anschließend technisch getrocknet. Die technische Trocknung nahm jeweils 10 bis 14 Tage in Anspruch. Im Labor wurden die Bretter vom Ausschuss getrennt und für die Untersuchung und die Verwendung für Brettschichtholz vorbereitet. Dazu wurden die zum Teil weit eingerissen Bretter am Ende gekappt. Eine Mindestlänge der einzelnen Bretter von 1,50 m wurde eingehalten, um eine einwandfreie Verarbeitung der Bretter beim Brettschichtholzhersteller zu gewährleisten. Dieser Bearbeitungsschritt hatte eine in den Grenzen von 1,50 m bis 4,0 m stark streuende Brettlänge zur Folge. Für die Herstellung der Versuchsträger standen abschließend insgesamt 24 m³ sägeraue Buchenbretter zur Verfügung, s. Tabelle 5-1. Anhang A enthält weitere Angaben bezüglich der Herstellung und Güteklasse der Brettkollektive.

Tabelle 5-1 Allgemeine Angaben zu den drei Brettkollektiven

Herkunft	Anzahl der Bretter	Dicke / Breite [mm]	Menge für die Herstellung [m³]
Spessart	670	41 / 121	8,48
Nordhessen	659	40 / 116	7,00
Schönbuch	559	44 / 115	8,44

5.3 Untersuchung und Eigenschaften des Brettmaterials

Im Labor wurden die Masse, die Querschnittsmaße, die Brettlänge und die Frequenz der Längsschwingung bestimmt. Mit diesen Werten wurde die Bruttorohdichte und der dynamische E-Modul berechnet. Die Bretter wurden nach dem dynamischen E-Modul klassifiziert, s. Tabelle 3-2, um beim kombinierten Aufbau der Versuchsträger gezielt steifere Randlamellen mit besseren Festigkeitseigenschaften in der Druck- und Zugzone vorzusehen. Bild 5-1 zeigt, dass das System von 5 Klassen wirtschaftliche Ausbeuten innerhalb der höheren Klassen gewährleistet.

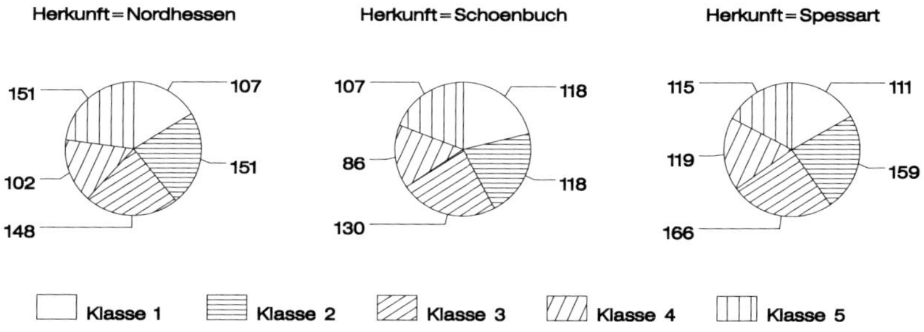

Bild 5-1 Ausbeute an Brettern in den einzelnen Klassen getrennt nach Holzherkunft

Die Ästigkeit der Bretter wurde nach DIN 4074 Teil 5 bestimmt. Dabei wurde die Lage der Äste beziehungsweise Astansammlungen mithilfe einer in 150 mm Abschnitte (im Folgenden auch Zellen genannt) eingeteilten Messlatte einem Längsraster zugeordnet mit dem Ziel, die Anzahl der astbehafteten Zellen und deren Abfolge innerhalb eines Brettes zu bestimmen. Eine umfangreiche Darstellung der strukturellen Eigenschaften aller Bretter - auch getrennt nach Herkunft im Hinblick auf den Aufbau der Versuchsträger - findet sich im Anhang A. Ein typisches Merkmal der

Brettkollektive ist der große Anteil an astfreien Brettern. Er liegt bei den einzelnen Kollektiven zwischen 25% und 34%, siehe hierzu Bild 5-2.

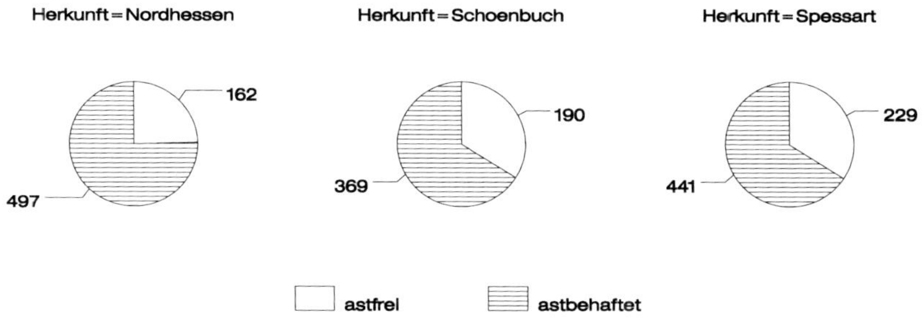

Bild 5-2 Anteile an astfreien und astbehafteten Brettern für die drei Brettkollektive

Bild 5-3 zeigt den Zusammenhang zwischen dynamischem E-Modul und dem maximalen DEB-Wert – zwei Parameter mit bekanntermaßen großem Einfluss auf die Festigkeit. Es ist anhand der Regressionsgeraden deutlich zu sehen, dass unabhängig von der Holzherkunft mit zunehmendem DEB-Wert der dynamische E-Modul abnimmt. Diese lineare Beziehung ist durch einen weit streuenden Störterm überlagert. Insofern sind die Parameter dynamischer E-Modul und DEB-Wert weitgehend unabhängig voneinander. Eine Festigkeitssortierung von Buchenbrettern nach dem dynamischen E-Modul ist daher unter Berücksichtigung beider Parameter durchzuführen.

Bild 5-4 zeigt den Zusammenhang zwischen dynamischem E-Modul und der Bruttorohdichte. Die eingezeichneten Regressionsgeraden belegen, dass unabhängig von der Holzherkunft der dynamische E-Modul mit steigender Bruttorohdichte zunimmt.

Die Untersuchungsergebnisse der Buchenbretter zeigen, dass bezüglich der Wuchsgebiete keine wesentlich voneinander abweichenden strukturellen Eigenschaften zu erwarten sind. Als wichtige Schlussfolgerung gilt dies sowohl für statistische Kennwerte als auch für die Beziehungen zwischen den strukturellen Eigenschaften untereinander.

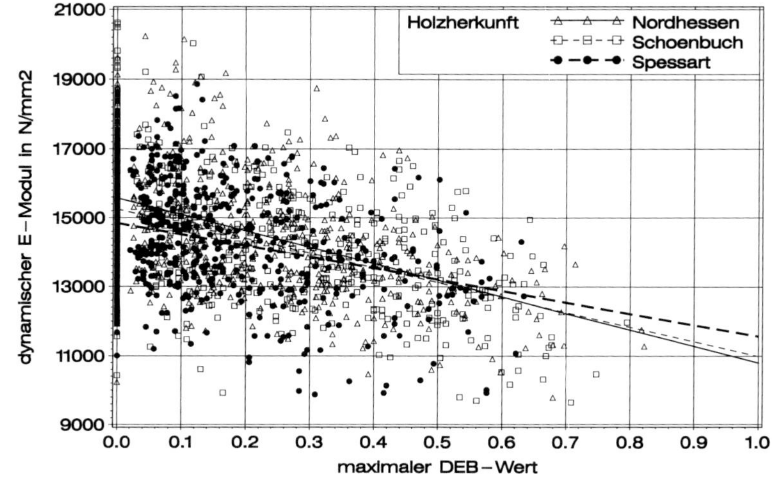

Bild 5-3 Zusammenhang zwischen dynamischem E-Modul und maximalem DEB-Wert von 1888 Brettern (astfreie Bretter in der Regressionsbeziehung berücksichtigt)

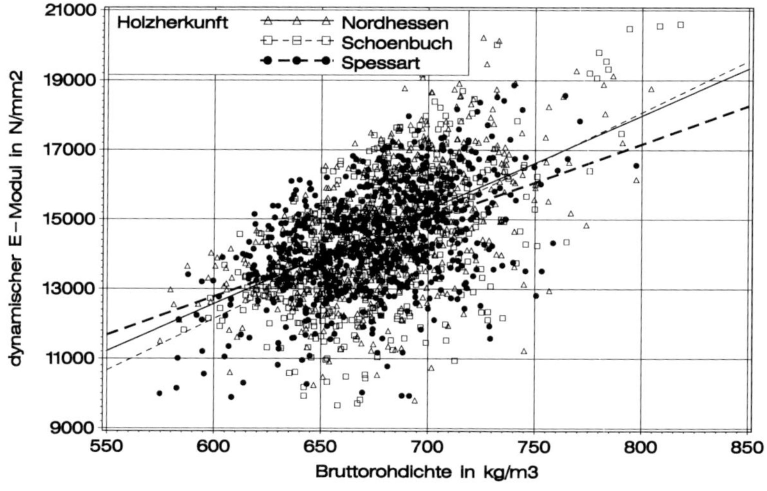

Bild 5-4 Zusammenhang zwischen dynamischem E-Modul und Bruttorohdichte

5.4 Empirische und theoretische Verteilungsfunktionen der strukturellen Eigenschaften von Buchenbrettern

Die Erzeugung der strukturellen Eigenschaften eines simulierten Brettes erfolgt mit Zufallszahlen, die aus theoretischen Verteilungsfunktionen stammen. Diese werden im Rechenmodell benötigt und in geeigneter Weise an die empirischen Verteilungsfunktionen jeweils klassenbezogen angepasst. Das führt auf eine Vielzahl theoretischer Verteilungsfunktionen unterschiedlicher Typen, die im Einzelnen nicht dargestellt werden. In den folgenden Abschnitten wird deren Wahrscheinlichkeitsdichte anhand des Mittelwerts, der Standardabweichung und der Extremwerte der Daten beschrieben.

5.4.1 Bruttorohdichte

In Tabelle 5-2 sind die statistischen Kennwerte der Bruttorohdichte zusammengestellt.

Tabelle 5-2 Statistische Kennwerte für die Bruttorohdichte nach Klassen

Klasse	n	MW	s	min	max
1	336	657	32,5	575	757
2	428	662	30,9	588	753
3	444	674	28,6	599	774
4	307	685	27,0	619	767
5	373	706	30,2	636	818
LS 10	1523	675	35,0	574	817
LS 13	1202	675	34,9	580	817

Die Feuchte der 1888 Bretter für die Herstellung der Versuchsträger betrug im Mittel 10,5% und schwankte zwischen 8,10% und 13,4%. Diese Werte wurden an den Brettenden von 211 Keilzinkenprüfkörpern ermittelt, die aus einem repräsentativen Teil des Brettmaterials während der Trägerherstellung produziert wurden. Ihre Holzfeuchte spiegelt daher diejenige der Bretter für die Versuchsträger wider. Insofern wurde die Bruttorohdichte bei einer mittleren Holzfeuchte von 10,5% ermittelt. Die mittlere Darr-Rohdichte eines Brettes kann mit Gleichung (12) in Abhängigkeit von der Bruttorohdichte berechnet werden. Diese Beziehung wurde mit den Daten der 350 Bretter aus Abschnitt 2 hergeleitet. Die Holzfeuchte dieser Bretter betrug 11,5% und schwankte zwischen 9,91% und 13,0%. Sie weicht damit nur geringfügig von 10,5% ab. Zwischen der Bruttorohdichte der Bretter aus Abschnitt 2 und der Bretter für die Herstellung der Versuchsträger ist folglich keine Korrektur erforderlich. Die

Simulation der Darr-Rohdichte ist daher mit den theoretischen Verteilungen für die Bruttorohdichte und Gleichung (12) gegeben. Nach Abschnitt 2.2.1 kann auf die Modellierung der geringen Streuung der Darr-Rohdichte innerhalb eines Brettes verzichtet werden.

$$\rho_{M,0} = 22{,}7 + 0{,}952 \cdot \rho_{Brutto} \tag{12}$$

5.4.2 Ästigkeit

Der DEB-Wert wurde in den Regressionsgleichungen als erklärende Variable zur Berechnung der mechanischen Eigenschaften von Brettabschnitten gewählt. Bei der Modellierung des DEB-Wertes wird in Anlehnung an das bei Görlacher 1990 entwickelte Verfahren vorgegangen. Zunächst wird der größte im Brett vorkommende Ast durch den DEB-Wert festgelegt. In Tabelle 5-3 sind die statistischen Kennwerte des größten DEB-Wertes nach Klassen zusammengestellt. Alle weiteren Äste bzw. DEB-Werte werden mit dem Parameter Anzahl der astbehafteten Zellen und einem Faktor berechnet. Die Vorgehensweise soll an einem einfachen Beispiel verdeutlicht werden. Für ein Brett wird zufällig ein maximaler DEB-Wert von 0,33 und eine Anzahl an astbehafteten Brettabschnitten von 2 festgelegt. Der zweite Ast ergibt sich aus der Multiplikation des maximalen DEB-Wertes mit einem Faktor (größer 0 und kleiner gleich 1) - hier im Beispiel 0,8. Der DEB-Wert des zweiten Astes beträgt dann 0,8·0,33=0,264. Bei Brettern mit mehr als zwei Ästen wird sinngemäß fortgefahren. Der Faktor wird bei jeder Multiplikation zufällig aus einer Verteilungsfunktion entnommen, welche die Abnahme der DEB-Werte innerhalb der Bretter wirklichkeitsnah beschreibt. Die statistischen Kennwerte der Anzahl der astbehafteten Zellen finden sich in Tabelle 5-4.

Tabelle 5-3 Statistische Kennwerte für den größten DEB-Wert innerhalb eines Brettes nach Klassen

Klasse	n (mit Ästen)	MW	s	min	max
1	289	0,358	0,183	0,0215	0,822
2	316	0,261	0,164	0,0288	0,714
3	295	0,222	0,141	0,0206	0,697
4	200	0,183	0,119	0,0258	0,543
5	207	0,153	0,110	0,0206	0,502
LS 10	942	0,159	0,088	0,0206	0,329
LS 13	621	0,105	0,048	0,0206	0,200

Tabelle 5-4 Statistische Kennwerte für die Anzahl astbehafteter Zellen innerhalb eines Brettes nach Klassen

Klasse	n (mit Ästen)	MW	s	min	max
1	289	2,85	1,92	1	13
2	316	2,77	1,81	1	9
3	295	2,43	1,56	1	8
4	200	2,55	1,67	1	9
5	207	2,24	1,50	1	8
LS 10	942	2,42	1,69	1	13
LS 13	621	2,11	1,51	1	9

5.4.3 Holzfeuchte

Die Holzfeuchte der gelieferten Bretter sollte nach der technischen Trocknung 12% betragen. Da bei den 350 und 1888 untersuchten Buchenbrettern die Holzfeuchte in engen Grenzen schwankte, wird diese Schwankung bei der Modellierung nicht abgebildet. Für die Holzfeuchte wird im Rechenmodell 12% festgelegt.

5.4.4 Brettlänge

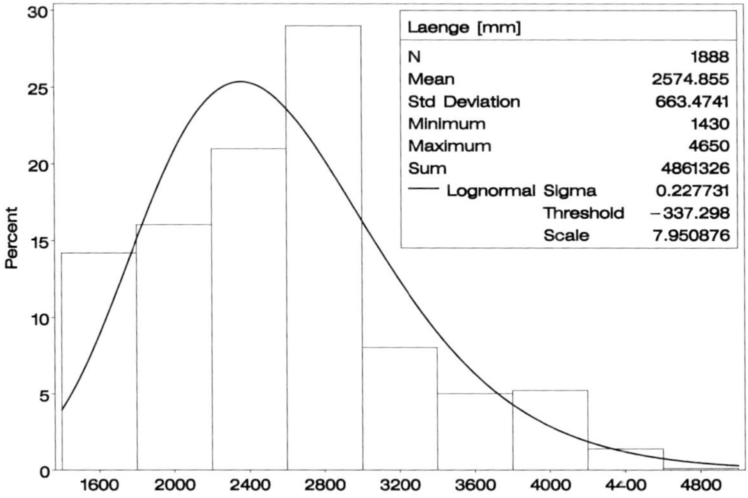

Bild 5-5 Häufigkeitsverteilung der Brettlänge

Die Häufigkeitsverteilung der Brettlänge zeigt Bild 5-5. Hinreichend genau kann die Verteilung der Brettlänge bei den Simulationsrechnungen mit der eingezeichneten log-Normalverteilung beschrieben werden. Eine klassenbezogene Auswertung der Brettlänge erscheint entbehrlich, s. hierzu Tabelle 5-6. Unterschiede bezüglich der Verteilung der Brettlänge konnten bei der Herkunft der Bretter beobachtet werden. Tabelle 5-5 zeigt deutliche Unterschiede beim Mittelwert und der Standardabweichung.

Tabelle 5-5 Statistische Kennwerte der Brettlänge getrennt nach Herkunft

Herkunft	n	MW	s	min	max
Spessart	670	2520	582	1440	4050
Nordhessen	659	2300	446	1460	3080
Schönbuch	559	2960	770	1430	4650

Tabelle 5-6 Statistische Kennwerte der Brettlänge getrennt nach Klassen

Klasse	n	MW	s	min	max
1	336	2560	699	1430	4400
2	428	2590	660	1480	4320
3	444	2610	650	1440	4650
4	307	2610	696	1470	4630
5	373	2500	619	1470	4260
LS 10	1523	2530	642	1440	4630
LS 13	1202	2520	647	1440	4630

5.4.5 Dynamischer E-Modul

Die Modelle zur Beschreibung der Darr-Rohdichte beziehungsweise Bruttorohdichte und Ästigkeit wurden gezielt auf die 5 Klassen des dynamischen E-Moduls abgestimmt, weil bei der Modellierung von Buchenbrettern für Brettschichtholzträger eine maschinelle Sortierung des Brettmaterials in Klassen abgebildet wird. Insofern stellt der dynamische E-Modul eine Zielgröße dar, die aus den Steifigkeitseigenschaften eines simulierten Brettes berechnet wird. Für den dynamischen E-Modul werden daher bei der Modellierung keine Verteilungsfunktionen vorgeschrieben. Es werden lediglich Klassengrenzen festgelegt, innerhalb derer der Wert des dynamischen E-Moduls schwanken darf. Die statistischen Kennwerte für den dynamischen E-Modul sind in Tabelle 5-7 zusammengestellt. Für die Berechnung des dynamischen E-Moduls wird zunächst der statische E-Modul aus der Anzahl der Brettabschnitte geteilt durch die Summe der Kehrwerte der E-Moduln der Brettabschnitte berechnet, s. Gleichung

(13). Das entspricht dem in der Mechanik bekannten Prinzip der Serienschaltung von Federn unterschiedlicher Steifigkeit.

$$E_{stat} = \frac{N}{\sum_{i=1}^{N} \frac{1}{E_i}} \tag{13}$$

Tabelle 5-7 Statistische Kennwerte für den dynamischen E-Modul nach Klassen

Klasse	n	MW	s	min	max
1	336	12100	775	9656	12995
2	428	13500	281	13002	13999
3	444	14500	303	14000	14999
4	307	15400	291	15000	15966
5	373	17000	919	16006	20613
LS 10	1523	14800	1640	9890	20600
LS 13	1202	14900	1630	9930	20600

Der ideelle E-Modul von zwei kombinierten Rechteckquerschnitten mit zwei äußeren Lamellen, die einen dynamischen E-Modul von 17000 N/mm² (Klasse 5) bzw. 15400 N/mm² (Klasse 4) besitzen, und sechs inneren Lamellen, die einen dynamischen E-Modul von 14500 N/mm² (Klasse 3) bzw. 13500 N/mm² (Klasse 2) aufweisen, beträgt nach der Verbundtheorie 16460 N/mm² bzw. 14990 N/mm². Diese Aufbauten entsprachen den Versuchsträgern Typ 1 und 2, die im Biegeversuch nach EN 408 im Mittel einen statischen E-Modul von 15500 N/mm² bzw. 14400 N/mm² aufwiesen, s. Tabelle B-8. Damit ergibt sich ein Verhältnis zwischen dynamischem und statischem E-Modul im ersten Fall von 1,06 und im zweiten Fall von 1,04. Diese einfache Abschätzung belegt, dass der dynamische E-Modul etwa 5% über dem statischen E-Modul in Längsrichtung der Bretter liegt, s. hierzu Gleichung (14).

$$E_{dyn} \approx 1{,}05 \cdot E_{stat} = 1{,}05 \cdot \frac{N}{\sum_{i=1}^{N} \frac{1}{E_i}} \tag{14}$$

6 Das Rechenmodell

6.1 Ein neues Rechenmodell für Brettschichtholz aus Buche

In den achtziger Jahren wurde am Lehrstuhl für Ingenieurholzbau und Baukonstruktionen ein Rechenmodell entwickelt, mit dem die Tragfähigkeit von Brettschichtholzträgern aus Fichte bestimmt werden konnte – „Karlsruher Rechenmodell". Siehe hierzu Ehlbeck et al. 1985 sowie Ehlbeck et al. 1987.

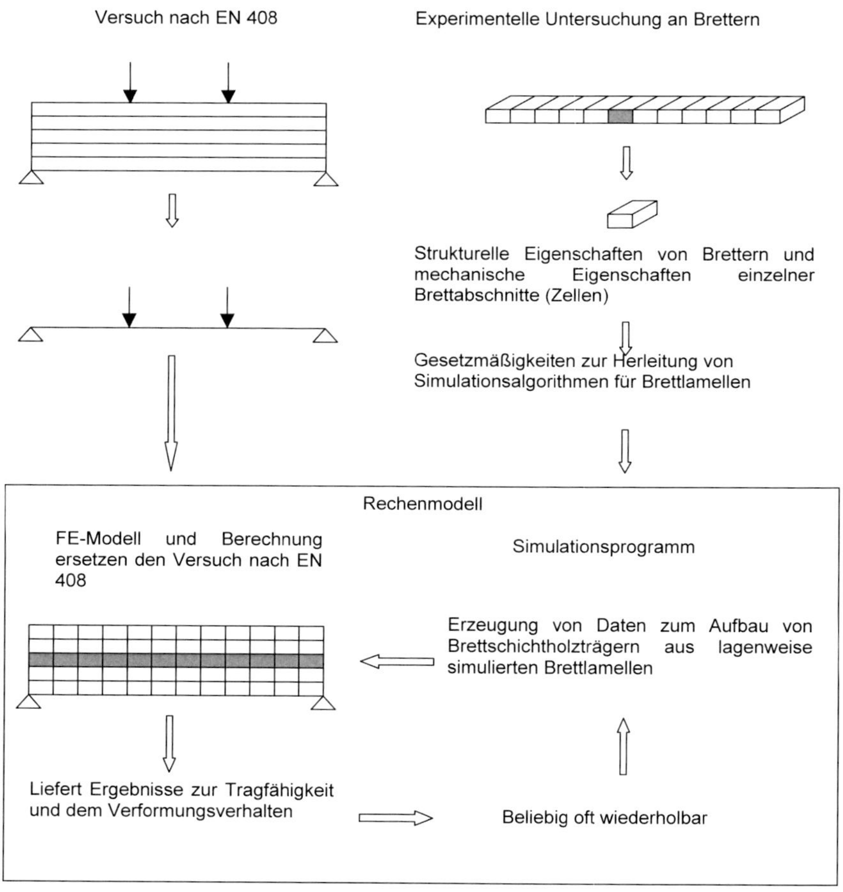

Bild 6-1 Allgemeine Zusammenhänge beim Rechenmodell

Dieses Rechenmodell wäre auch geeignet, die Tragfähigkeit von BSH-Trägern aus Buche zu ermitteln. Die zwischenzeitliche Entwicklung im Bereich der elektronischen Datenverarbeitung und die Verwendung einer anderen Holzart waren Anlass für den Aufbau eines neuen Rechenmodells mit einem modernen FE-Programm. Die damals gewonnenen Erfahrungen sind dabei mit eingeflossen. Bild 6-1 zeigt den Zusammenhang zwischen Versuch nach EN 408, den experimentellen Untersuchungen an Brettabschnitten und dem Rechenmodell, das aus einem Simulationsprogramm und Rechenanweisungen für ein FE-Programm besteht. Ehlbeck et al. 1985 sowie Ehlbeck et al. 1987 konnten belegen, dass ihr Rechenmodell die Wirklichkeit in gewissen Genauigkeitsgrenzen zutreffend abbildet. Das ist auch im vorliegenden Fall zu zeigen. Das mechanische Modell (Träger mit Einzellasten in den Drittelspunkten) beschreibt den Versuch nach EN 408 in geeigneter Weise. Auch kann davon ausgegangen werden, dass das mechanische Modell durch eine FE-Berechnung geeignet erfasst wird. Es werden relative Spannungsspitzen in der Struktur aufgrund von lokal hohen Steifigkeiten und gleichzeitig niedrigen Festigkeiten erfasst. Es wäre allerdings zu prüfen, ob Simulationsrechnungen entsprechende Versuche mit jeweils vergleichbarem echtem Brettmaterial ersetzen. Es werden daher gezielt aufgebaute Versuchsträger geprüft, die entsprechend ihrer Charakteristika im Rechenmodell simuliert und berechnet werden. Anhand der Übereinstimmung der Versuchs- und Simulationsergebnisse kann dann beurteilt werden, ob das Rechenmodell die Wirklichkeit richtig abbildet.

6.2 Simulationsprogramm

6.2.1 Allgemeines

Der Berechnungsablauf der Simulation findet innerhalb des FE-Programms ANSYS statt. ANSYS verfügt über eine eigene Programmiersprache, die es ermöglicht, ein Rechenmodell in Abhängigkeit von benutzerdefinierten Variablen zu beschreiben. Zu diesen zählen beispielsweise die Trägerhöhe und die davon abhängige Trägerlänge. Mit zahlreichen Parametern wird der Funktionsverlauf von Dichtefunktionen für die strukturellen Eigenschaften der Buchenbretter beschrieben, die bei der Simulation des gewünschten Brettmaterials benötigt werden. Bei der Simulation eines Brettschichtholzträgers wird - was den Aufbau betrifft - ähnlich vorgegangen wie bei seiner tatsächlichen Herstellung. Es wird eine Endloslamelle bestehend aus simulierten Brettern und Keilzinkenverbindungen erzeugt, deren mechanische Eigenschaften Brett für Brett berechnet werden. Im Ergebnis werden dadurch Bretter erzeugt, die teilweise von hoher als auch von niedriger Qualität sind. Es können aber auch Bretter simuliert werden, die ganz bestimmte Eigenschaften haben – z.B. Grenzwerte von Sortierkriterien erfüllen. Ziel ist die wirklichkeitsnahe Abbildung der mechanischen

Eigenschaften des gewünschten Brettmaterials, um den endgültigen Vergütungseffekt durch die Herstellung von BSH zu erhalten.

6.2.2 Modellierung der strukturellen und mechanischen Eigenschaften eines Brettschichtholzträgers

Mithilfe des Simulationsprogramms können homogene – aus einer Klasse aufgebaute - Träger – aber auch kombinierte – aus zwei verschiedenen Klassen aufgebaute – Träger simuliert werden (Bild 6-2). Kombinierte Träger werden in zwei Zonen unterteilt. Es werden mindestens zwei Randlamellen einer höheren Klasse in der Zone 1 vorgesehen. Der Wert h/6 wird grundsätzlich in ganzen Zahlen aufgerundet.

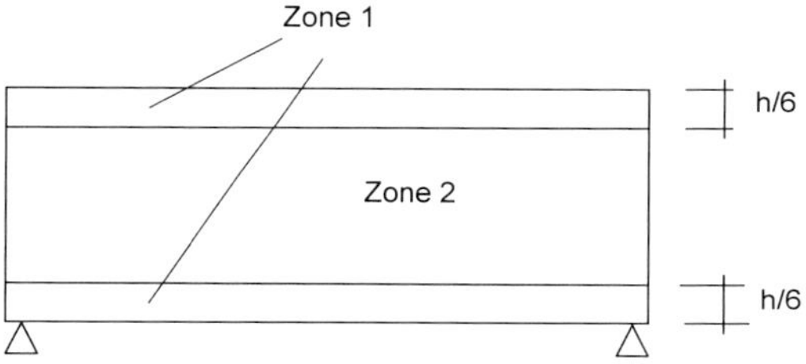

Bild 6-2 Aufbau eines kombinierten Trägers mit Randlamellen einer höheren Klasse

Die Dichtefunktionen für die strukturellen Eigenschaften der Bretter werden in Abhängigkeit von der Zone, für die das Brett simuliert werden soll, aktiviert. Nachdem die strukturellen Eigenschaften eines Brettes festgelegt wurden, werden mithilfe der Regressionsgleichungen (Abschnitt 4.3) die mechanischen Eigenschaften der Brettabschnitte berechnet. Im Falle einer maschinellen Sortierung wird in Abhängigkeit von der gewünschten Klasse der Bretter nach Gleichung (14) der dynamische E-Modul berechnet und mit den Klassengrenzen der gewünschten Klasse verglichen. Wenn der berechnete dynamische E-Modul innerhalb der Klassengrenzen liegt, wird das Brett in den Brettschichtholzträger übernommen. Auf diese Weise wird solange fortgefahren, bis eine ausreichende Anzahl an Brettern für den Brettschichtholzträger vorliegt. Abschließend werden mit den Regressionsbeziehungen (Abschnitt 4.5) die mechanischen Eigenschaften der Keilzinkenverbindungen berechnet. Bei der Berechnung der Festigkeit von Keilzinkenverbindungen kann ein Sollwert für eine gewünschte 5%-Quantile der Zugfestigkeit vorgegeben werden. Das Simulationsprogramm berücksichtigt keine Einflüsse, welche die Produktionsbedingungen von Keilzinken aus Buchenbrettern betreffen. Diese werden durch den Sollwert der 5%-Quantile berücksichtigt.

6.3 Finite-Elemente-Programm

6.3.1 Allgemeines

Die Berechnung der Tragfähigkeit und Steifigkeit erfolgt mit dem Finite-Elemente-Programm ANSYS Version 5.7. Die Berechnung ersetzt den Versuch nach EN 408 und das Berechnungsergebnis stellt für den im Simulationsprogramm zusammengesetzten Träger eine Näherungslösung dar. Es werden Scheiben-Rechteckelemente verwendet, die pro Knoten in ihrer Ebene zwei geradlinige Verschiebungsfreiheitsgrade besitzen. Die Berechnung erfolgt für den ebenen Spannungszustand. Für die Beziehungen zwischen Spannungen und Verzerrungen wird orthotropes Materialverhalten unterstellt. Der E-Modul senkrecht zur Faser E_y und der Schubmodul G_{xy} werden einheitlich mit 7% des E-Moduls E_x parallel zur Faser angesetzt. Grundlage hierfür sind die Steifigkeitsverhältnisse zwischen $E_{90,mean}$ bzw. G_{mean} und $E_{0,mean}$ für Laubholz nach DIN 1052. Ehlbeck et al. 1985 konnten zeigen, dass diese Kennwerte von untergeordnetem Einfluss auf die Tragfähigkeit eines auf Biegung beanspruchten Trägers sind.

6.3.2 Spannungs-Dehnungsbeziehung

Nach dem Erreichen der Druckfestigkeit in einem Element der Druckzone bleibt bei weiter zunehmender Stauchung die Spannung konstant (ideal elastisches/ideal plastisches Materialverhalten in der Druckzone). Plastisches Verhalten wird eingeleitet, wenn die Spannung eines Elements die Druckfestigkeit erreicht. Mit dem erstmaligen Erreichen der Druckfestigkeit in einem Element der Druckzone wird ein nichtlineares Berechnungsverfahren erforderlich. Das Aufbringen weiterer Lasten erfolgt in kleinen Lastschritten, die Gleichgewichtsberechnung dementsprechend iterativ. Bis zum Erreichen der Zugfestigkeit verhält sich ein Element ideal elastisch. Danach wird im Element ein Riss modelliert. Diese Vereinbarungen entsprechen dem auf Bild 2-17 dargestellten Ansatz für die Arbeitslinien in der Druck- und Zugzone. Sie sind für die wirklichkeitsnahe Berechnung der Biegefestigkeit unterhalb eines charakteristischen Werts von 50 N/mm² ausreichend. Bis dahin weisen die Versuchsträger praktisch kein plastisches Verhalten auf, s. Bild B-4. Exaktere Modelle sind numerisch sehr aufwändig und erfordern mehr Rechenzeit. Die Berechnung des Trägers wird abgebrochen, wenn in einer Zelle der Randlamelle die Zugfestigkeit erreicht wird. Dieses Materialverhalten steht im Widerspruch zur Wirklichkeit. Sowohl Zugversuche an Brettelementen ohne und mit Keilzinkenverbindungen zeigen ein geringes plastisches Verhalten unterhalb der Bruchspannung. Das ermöglicht am wirklichen Träger Lastumlagerungen in der Zugzone, die im Rechenmodell durch die verwendete Spannungs-Dehnungsbeziehung nicht realisiert werden. Die Ergebnisse des Rechenmodells werden in dieser Hinsicht konservativ ausfallen.

7 Biegeversuche an Brettschichtholzträgern aus Buche

7.1 Allgemeines

Es wurden 59 Brettschichtholzträger hergestellt und in Biegeversuchen gemäß DIN EN 408 geprüft, s. Bild B-2. Die Buchenbretter der Herkunft Nordhessen und Schönbuch wurden abweichend von Tabelle 3-2 in bis zu 7 Klassen einsortiert. Klasse 5, die Bretter mit einem dynamischen E-Modul über 16000 N/mm² enthält, wurde dafür in drei weitere Klassen unterteilt, s. Tabelle 7-1. Die Steifigkeit der Randlamellen der kombinierten Träger konnte daher variiert werden, um eine möglichst weite Streuung der Festigkeits- und Steifigkeitseigenschaften zu erzielen. Auf diese Weise wurden 2 Träger mit Randlamellen der Klasse 7 hergestellt, die im Versuch einen Biege-E-Modul von über 17000 N/mm² aufwiesen. Es wurden insgesamt 9 voneinander unterschiedliche Typen aufgebaut, die sich vor allem hinsichtlich der Trägerhöhe und der verwendeten Randlamellen unterscheiden.

Tabelle 7-1 Unterteilung der Klasse 5; Bretter der Herkunft Nordhessen und Schönbuch

Klasse	Grenzen für den dynamischen E-Modul [N/mm²]
5*	$16000 < E_{dyn} \leq 17000$
6	$17000 < E_{dyn} \leq 18000$
7	$18000 < E_{dyn}$

7.2 Aufbau der Versuchsträger

Mit den Trägerversuchen sollten zwei Ziele verfolgt werden. Zum einen war beabsichtigt Träger aufzubauen, welche die Leistungsfähigkeit von Brettschichtholz aus Buche belegen. Vor allem war dabei beabsichtigt, Festigkeiten zu erzielen, die über den höchsten Festigkeitswerten von Brettschichtholz aus Nadelholz liegen. Zum anderen sollte anhand der Ergebnisse aus den Tragfähigkeitsversuchen das Rechenmodell auf die Wirklichkeit abgestimmt werden. Daraus ergibt sich die Vorgehensweise, eine Abstimmung für verschiedene Festigkeitsklassen und Trägerhöhen durchzuführen. Damit kann überprüft werden, ob das Rechenmodell Einflüsse aus einer Sortierung der Bretter nach dem dynamischen E-Modul und der Trägerhöhe auf die Tragfähigkeit korrekt erfasst. Neben den oben genannten planbaren Kriterien für die Trägeraufbauten war eine praktisch umsetzbare Produktion und das zur Verfügung stehende Brettmaterial innerhalb der einzelnen Klassen mit von ausschlaggebender Bedeutung. Bild 7-1 zusammen mit Tabelle 7-3 verdeutlichen das Aufbauprinzip der Versuchsträger. Mit diesen Trägeraufbauten ist es gelungen, das zur Verfügung stehende Brettmaterial vollständig zu verwenden. Innerhalb des Festigkeitsspektrums konnten drei Tragfähigkeitsklassen und drei Trägerhöhen verwirklicht werden. Tabelle 7-2 zeigt wesentliche Unterscheidungsmerkmale der Träger. Darin sind die unterschiedlichen Trägertypen nach Höhe und Tragfähigkeitsklasse zusammengefasst. Die Bretter der drei Wuchsgebiete Spessart, Nordhessen und Schönbuch wurden jeweils getrennt an drei Produktionsterminen zu Trägern verarbeitet. Detaillierte Angaben zum Aufbau der 9 Typen und zum Versuchsaufbau sind im Anhang A zu finden. Darin zeigen Tabelle B-1 bis Tabelle B-4 die genaue Lage und Klasse der Lamellen im Querschnitt der Versuchsträger.

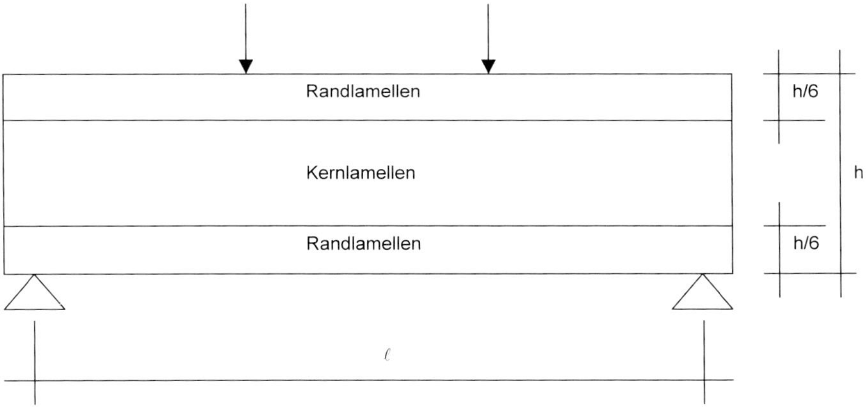

Bild 7-1 Allgemeiner Aufbau und Belastungssituation der Versuchsträger

Tabelle 7-2 Allgemeine Angaben zu den Versuchsträgern

Höhe h [cm]	11	34	60
Tragfähigkeitsklasse	Kurzbezeichnung/Anzahl der Versuchsträger		
sehr hoch (SH)	-	SH-34/12	SH-60/10
hoch (H)	H-11/6	H-34/12	H-60/8
niedrig (N)	N-11/6	N-34/5	-
Produktion	3/2004	12/2003	2/2004 u. 3/2004
Stützweite ℓ [cm]	150	510	900
Holzherkunft	Schönbuch	Spessart	Nordhessen u. Schönbuch

Tabelle 7-3 Tragfähigkeitsklasse und Aufbau der Versuchsträger

Tragfähigkeitsklasse	Klasse der Lamellen	
	Rand	Kern
sehr hoch (SH)	5	3
hoch (H)	4	2
niedrig (N)	1	1

7.3 Versuchsergebnisse

Bild 7-2 zeigt die Beziehung zwischen Biegefestigkeit und Biege-E-Modul nach DIN EN 408 für jede Trägerhöhe getrennt. Die Tragfähigkeitsklasse ist mit Symbolen gekennzeichnet. Bild 7-3 zeigt eine gemeinsame Darstellung aller Versuche und den linearen Zusammenhang zwischen der Biegefestigkeit und dem Biege-E-Modul. Tabelle 7-4 und Tabelle 7-5 enthalten Mittelwert, Standardabweichung und Minimalwert der Biegefestigkeit beziehungsweise des Biege-E-Moduls für die einzelnen Tragfähigkeitsklassen und Trägerhöhen. Detaillierte Angaben zu den Versuchsergebnissen und Beobachtungen an den Versuchsträgern nach dem Bruch sind im Anhang B zusammengestellt. Die Zusammenstellung der Kennwerte in Tabelle 7-4 in Ergänzung mit Bild 7-2 und Bild 7-3 lässt die nachstehenden Schlussfolgerungen zu.

- Im Vergleich der Tragfähigkeitsklasse SH mit H macht sich eine Klassifizierung der Bretter nach dem dynamischen E-Modul bei den 34 cm hohen Trägern in einem Rückgang der mittleren Biegefestigkeit von 5,90 N/mm² und bei den 60 cm hohen Trägern von 5,40 N/mm² bemerkbar.
- Die Verwendung von Brettern mit einem dynamischen E-Modul von weniger als 13000 N/mm² führt bei den 34 cm hohen Trägern der niedrigen Tragfähigkeitsklasse auf eine mittlere Biegefestigkeit von nur 43,3 N/mm².
- Die Regressionsgeraden in Bild 7-3 belegen den Einfluss der Trägerhöhe bzw. Stützweite auf die Biegefestigkeit. Bei gleicher Klasse der Bretter wird mit zunehmender Trägerhöhe eine Abnahme der Biegefestigkeit beobachtet. Das Fehlen von 60 cm hohen Trägern in der niedrigen Tragfähigkeitsklasse muss bei diesem Vergleich allerdings berücksichtigt werden.
- Wird in den 2 oberen Tragfähigkeitsklassen eine Beobachtung ausgeschlossen, bei der die Flanken der Keilzinkenverbindung nachweislich schlecht verklebt waren (Bild B-11), liegen die kleinsten Werte der Biegefestigkeit durchweg oberhalb von 44,5 N/mm². Das Biegeversagen wurde in den meisten Fällen durch Keilzinkenversagen in der Randlamelle eingeleitet. Hier wird der vorherrschende Einfluss der Keilzinkenqualität auf die Biegefestigkeit deutlich. Die hohe Biegefestigkeit von Brettschichtholz aus Buche kann bei gemeinsamer Betrachtung der Träger der

zwei oberen Tragfähigkeitsklassen mit einer Höhe von 34 und 60 cm, die einen Umfang von 41 Trägern aufweisen, nachgewiesen werden.

Tabelle 7-4 Statistische Kennwerte der Biegefestigkeit

Höhe h [cm] / Tragfähigkeitsklasse		11	34	60
sehr hoch	n	-	11*	10
	MW	-	63,7	55,9
	s	-	7,51	5,78
	min	-	50,4	46,9
hoch	n	6	12	8
	MW	80,5	57,8	50,5
	s	17,0	9,32	5,21
	min	53,2	46,6	44,5
niedrig	n	5*	5	-
	MW	62,7	43,3	-
	s	18,2	7,25	-
	min	33,4	35,0	-

*jeweils ein Versuch mit schlecht verklebtem Keilzinkenstoß ausgeschlossen

Tabelle 7-5 Statistische Kennwerte des Biege-E-Moduls

Höhe h [cm] / Tragfähigkeitsklasse		11	34	60
sehr hoch	n	-	12	10
	MW	-	15500	16000
	s	-	490	799
	min	-	14700	15100
hoch	n	6	12	8
	MW	14900	14400	14400
	s	935	383	265
	min	13800	13700	14000
niedrig	n	6	5	-
	MW	12500	12300	-
	s	1110	403	-
	min	11200	11800	-

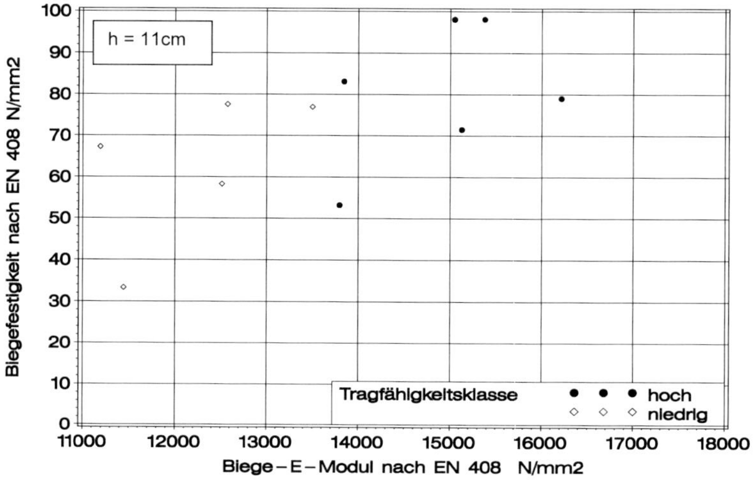

a)

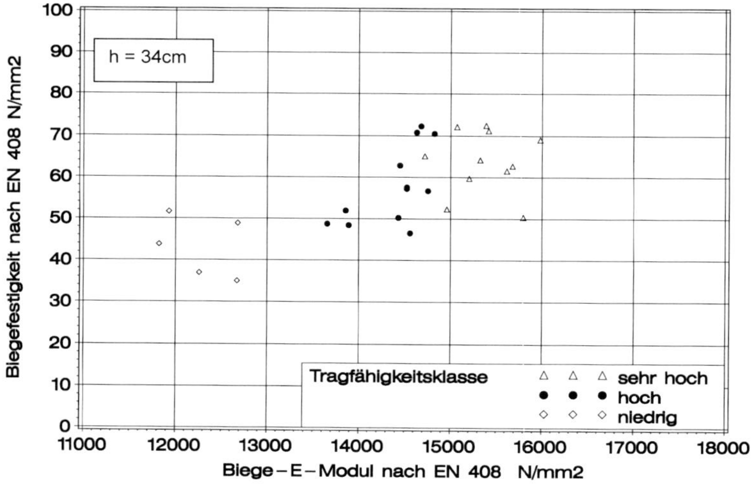

b)

Bild 7-2 Biegefestigkeit in Abhängigkeit vom Biege-E-Modul; h = 11 cm (a) h = 34 cm (b) und h = 60 cm (c)

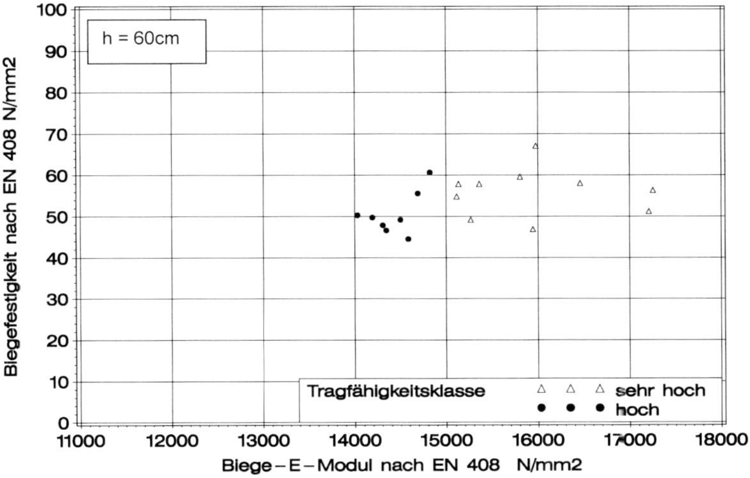

c)

Bild 7-2 (Forts.) Biegefestigkeit in Abhängigkeit vom Biege-E-Modul; h = 11 cm (a) h = 34 cm (b) und h = 60 cm (c)

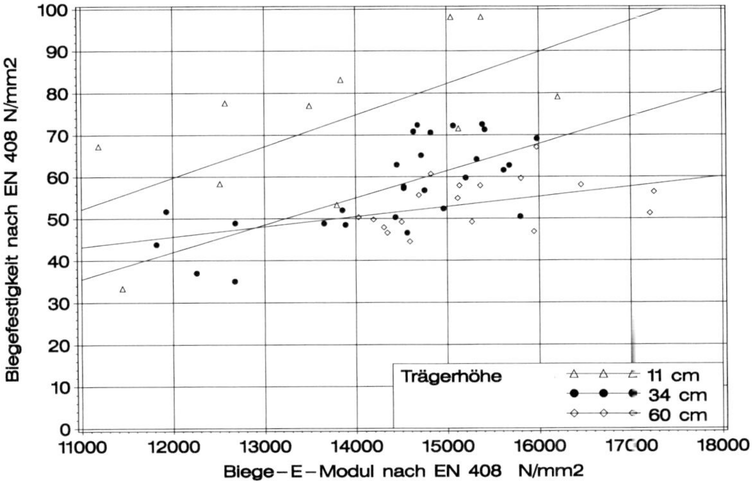

Bild 7-3 Linearer Zusammenhang zwischen Biegefestigkeit und Biege-E-Modul

8 Versuche an Keilzinken

8.1 Allgemeines

Nach jeder der drei Trägerproduktionen wurden unmittelbar nach der Zinkung der Trägerlamellen Keilzinkenproben hergestellt. Diese Proben wurden jeweils zur Hälfte in Biege- und Zugversuchen geprüft. Zum einen konnten die Festigkeitswerte der Biege- und Zugprüfungen für Vergleichszwecke genutzt werden. Mögliche Unterschiede bei den Produktionsbedingungen mit Einfluss auf die Festigkeit der Keilzinkenverbindungen an den Tagen der drei Trägerproduktionen können damit erklärt werden. Zum anderen sollte mit den Ergebnissen aus den Biegeversuchen das Verhältnis von Biegefestigkeit und Zugfestigkeit ermittelt werden. Darauf aufbauend werden Grundlagen für ein Berechnungsmodell für die Biegefestigkeit von Brettschichtholz aus Buche in Abhängigkeit von der Biegefestigkeit von Keilzinkenverbindungen geschaffen.

8.2 Material und Methoden

Die Keilzinkenproben wurden aus Brettern hergestellt, die während der Vorbereitung der Bretter für die Versuchsträger mit einer Länge von etwa 150 cm anfielen. Längere Bretter sollten generell der Herstellung für die Träger vorbehalten bleiben. An den Brettern wurde die Bruttorohdichte bestimmt. So konnte überprüft werden, ob das Brettmaterial eine repräsentative Teil-Stichprobe der Bretter für die Versuchsträger ist. Die statistischen Kennwerte der Tabelle 8-1 belegen die geeignete Auswahl des Brettmaterials für Keilzinken bezüglich der Bruttorohdichte. Jeweils nach der Produktion der Versuchsträger wurden die Bretter keilgezinkt und in Lamellen von etwa 4,5 m bis 6,0 m gekappt. Diese Lamellen wurden im Labor zu Keilzinkenproben verarbeitet. Die drei Produktionstermine ergaben insgesamt drei Stichproben. Zur Aufteilung der Proben wurde der dynamische Biege-E-Modul anhand einer Biegeschwingung I Ordnung bestimmt (Görlacher 1984). Diese Werte wurden der Größe nach sortiert und abwechselnd Biege- und Zugproben festgelegt. Im Ergebnis waren die halbierten Stichproben bezüglich des dynamisch gemessenen E-Moduls gleichwertig. Die Flachkant-Biegeprüfung erfolgte nach DIN EN 408 mit einer Stützweite von 15 h die Zugprüfung mit einer freien Prüflänge von 600 mm und gelenkiger Lasteinleitung. Nach der Festigkeitsprüfung wurde die Holzfeuchte und Rohdichte an den verbleibenden Bruchstücken nach DIN EN 408 ermittelt.

Tabelle 8-1 Vergleichende Gegenüberstellung der statistischen Kennwerte der Bruttorohdichte des Brettmaterials für Keilzinken und Versuchsträger

Brettmaterial	n	MW [kg/m³]	s [kg/m³]	min [kg/m³]	max [kg/m³]
für Keilzinken	263	689	41,4	574	802
für Versuchsträger	1888	676	34,7	575	818
Verhältnis	0,14	1,02	1,19	1,00	0,98

8.3 Versuchsergebnisse

Die Keilzinkenprüfkörper wurden in drei Qualitätsstufen eingeteilt, die produktionsbedingte Eigenschaften erfassen, s. Tabelle 8-2. Die Auswertung der Festigkeitsprüfung erfolgte mit den Keilzinkenproben der Qualitätsstufen 1 bis 3, weil diese praxisrelevant sind. Das führte auf die Stichproben in Tabelle 8-3. Detaillierte Angaben zu den Keilzinken-Versuchen und Ergebnissen finden sich im Anhang C.

Tabelle 8-2 Beschreibung der Qualitätsstufen von Keilzinkenverbindungen und Verweis auf beispielhafte Darstellung im Anhang C

Qualität	Beschreibung	beispielhafte Darstellung
1	sehr gut: einwandfreies Fräsbild und Verklebung	Bild C-3
2	gut: einwandfreies Fräsbild jedoch unzureichende Verklebung	Bild C-4
3	mit Zinkensprung: Zinken greifen nicht ordnungsgemäß ineinander	Bild C-5

Tabelle 8-3 Umfang und Querschnittsmaße der Proben

Holzherkunft	Spessart	Nordhessen	Schönbuch
Biegeproben	31	56	21
Zugproben	31	52	18
Summe	62	108	39
Breite [mm]	110	100	105
Höhe [mm]	34	30	36
Probenlänge [mm]	1000	1000	1000

8.3.1 Holzfeuchte und Rohdichte nach EN 408

An 199 der 209 Prüfkörper wurde an jedem Brettende des Prüfkörpers die Holzfeuchte und Rohdichte nach DIN EN 408 bestimmt. Der Mittelwert der Holzfeuchte bzw. der Rohdichte beträgt 10,5% bzw. 691 kg/m³, s. hierzu Bild C-2. Tabelle C-1 enthält eine nach Holzherkunft aufgeschlüsselte Darstellung der statistischen Kennwerte der Holzfeuchte und Rohdichte. Demnach liegen keine wesentlichen Unterschiede bezüglich dieser Eigenschaften zwischen den Stichproben vor.

8.3.2 Biege- und Zugfestigkeit, dynamischer Biege-E-Modul

Die Biege- und Zugfestigkeit in Abhängigkeit vom dynamischen Biege-E-Modul zeigt Bild 8-1. Die unterschiedliche Holzherkunft und damit auch die unterschiedlichen Produktionstermine sind durch Symbole gekennzeichnet. Alle 6 Regressionsgeraden belegen die Zunahme der Festigkeit mit steigendem dynamischem Biege-E-Modul. Bild 8-1 b macht deutlich, dass die mittlere Zugfestigkeit unabhängig vom Produktionstermin bei gegebenem dynamischen Biege-E-Modul von 14000 N/mm² etwa 50 N/mm² beträgt. Dies ist ein wichtiger Beleg dafür, dass die Keilzinkenzugfestigkeit an den drei Produktionsterminen vergleichbar und weitgehend unabhängig von der Holzherkunft ist.

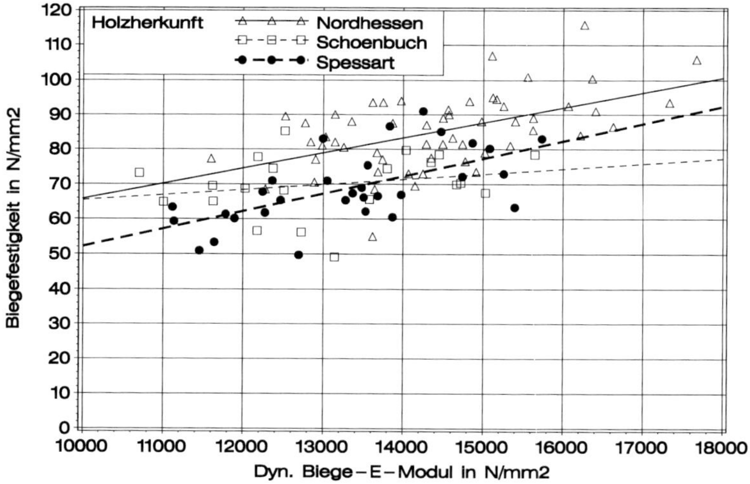

a)

Bild 8-1 Biege- (a) und Zugfestigkeit (b) in Abhängigkeit vom dynamischen Biege-E-Modul

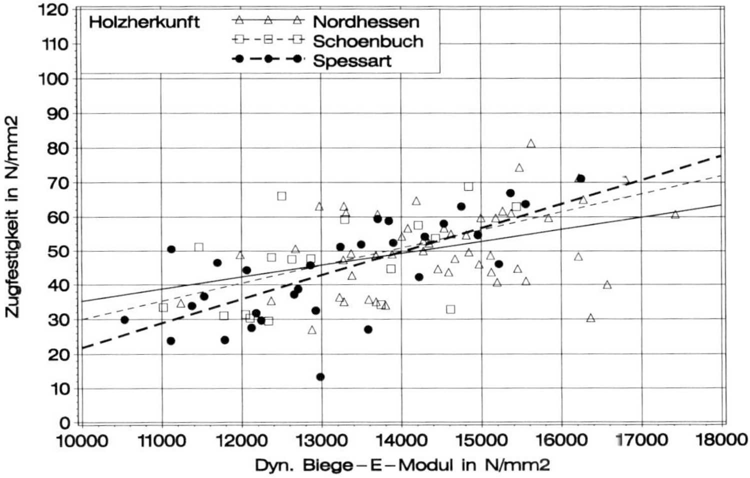

b)

Bild 8-1 (Forts.) Biege- (a) und Zugfestigkeit (b) in Abhängigkeit vom dynamischen Biege-E-Modul

Die lineare Beziehung in Bild 8-1 a für die Bretter aus Nordhessen hebt sich von den übrigen nach oben ab. Unter Berücksichtigung der Zufallsstreuung ist die Annahme einer weitgehend konstanten Keilzinkenqualität an den drei Produktionsterminen gerechtfertigt. Bild C-6 zeigt die Biege- und Zugfestigkeit der Keilzinkenverbindungen in Abhängigkeit vom dynamischen Biege-E-Modul. In diesem Bild ist die Qualitätsstufe durch Symbole gekennzeichnet. Es zeigt, dass mit steigendem Biege-E-Modul die Häufigkeit von Zinkensprüngen deutlich abnimmt. In Tabelle C-2 und Tabelle C-3 sind die statistischen Kennwerte der Festigkeits- und Steifigkeitswerte zusammengestellt.

8.4 Vergleich der Festigkeitswerte aus Zug- und Biegeversuch

Die Methoden der Zugprüfung nach Abschnitt 2.3 und 8.2 unterscheiden sich hinsichtlich der freien Prüflänge sowie der Lasteinleitung. Entsprechend unterschiedlich fällt die charakteristische Zugfestigkeit aus. Bei den 371 Zugversuchen beträgt sie 39,7 N/mm² und bei den 101 Zugversuchen 27,0 N/mm². Das entspricht einem Verhältnis von 0,68. Diese Größenordnung ist erwartungsgemäß, wenn das seitliche Ausweichen des Prüfkörpers im einen Fall wirksam verhindert und im anderen Fall möglich ist. Die Keilzinkenzugfestigkeit im Rechenmodell entspricht den Festigkeitswerten der Zugversuche nach Abschnitt 2.3. Über sie soll ein funktionaler Zusammenhang zwischen Biegefestigkeit der Keilzinken und Biegefestigkeit der Brettschichtholzträger hergeleitet werden. Insofern ist ein Vergleich der Festigkeitswerte der 108 Biegeversuche mit denjenigen der 101 Zugprüfungen nicht beabsichtigt. Folgende Voraussetzungen machen einen Vergleich der Festigkeitswerte der Biegeversuche mit den Zugversuchen nach Abschnitt 2.3 möglich, s. Tabelle 8-4. Die Keilzinkenprüfkörper wurden auf derselben Zinkenmaschine gefertigt. Das Fräserprofil und der Kleber blieben gleich. Die Maschine wurde von demselben Arbeiter bedient und eingestellt. Die mittlere Darr-Rohdichte der 742 Teilstücke der 371 Prüfkörper beträgt 675 kg/m^3. Umgerechnet nach Gleichung (12) entspricht das etwa einer mittleren Bruttorohdichte von 687 kg/m^3 und damit den Werten der Tabelle 8-1. Insofern ist das Brettmaterial hinsichtlich der Rohdichte gleichwertig. Auf dem Niveau der 5%-Quantile lässt sich der Verhältniswert von 1,40 ableiten, s. Gleichung (15).

$$f_{m,k,fj} \approx 1,40 \cdot f_{t,k,fj} \qquad (15)$$

Colling et al. 1991 schlagen für diesen Verhältniswert im Falle von Nadelholz 1,43 vor. Dieser Wert liegt der Beziehung zwischen charakteristischer Biegefestigkeit der Keilzinkenverbindungen und der charakteristischen Biegefestigkeit des sogenannten Standardträgers in der Forschungsarbeit Ehlbeck und Colling 1992 zugrunde. Damals wie heute war beabsichtigt die char. Biegefestigkeit des Brettschichtholzträgers in Abhängigkeit von derjenigen der Keilzinken zu formulieren. Dazu musste ein Umrechnungsfaktor gefunden werden zwischen Zugfestigkeit der Keilzinken, die im Rechenmodell vorliegt, und Biegefestigkeit, die für einfach durchführbare Qualitätsprüfungen erforderlich ist.

Tabelle 8-4 Vergleich der statistischen Kennwerte der Zugfestigkeit und der Biegefestigkeit [N/mm²]

	Zugversuche	Biegeversuche	Verhältnis
n	371	108	0,29
MW	65,7	77,5	1,18
s	14,5	12,9	0,89
min	22,7	49,2	2,17
max	101,0	116	1,14
verteilungsfrei			
5%-Quantile	**39,7**	**55,4**	**1,40**
50%-Quantile	66,5	77,5	1,16
95%-Quantile	88,5	94,8	1,07

8.5 Hinweise zur Keilzinkenfestigkeit

Bild C-6 zeigt deutlich den Einfluss der Keilzinkenqualität auf die Festigkeit. So werden im Falle von Zinkensprüngen Biegefestigkeiten von über 80 N/mm² und Zugfestigkeiten von über 50 N/mm² sehr selten beobachtet. Der Einfluss des dynamischen Biege-E-Moduls der Probe auf die Festigkeit, welcher maßgeblich durch die Steifigkeit der angrenzenden Bretter bestimmt wird, ist offensichtlich. Der Bereich der Keilzinkenverbindung selbst ist mit einer Zinkenlänge von nur 16 mm bei einem schwingenden Prüfkörper mit einer Länge von 1000 mm von untergeordneter Bedeutung. Diese Versuchsergebnisse stützen das in Abschnitt 4.5.2 beschriebene Vorgehen, die Keilzinkenzugfestigkeit in Abhängigkeit vom dynamischen E-Modul der angrenzenden Bretter zu modellieren. Auf diesem Gebiet besteht noch Forschungsbedarf. Bislang kann die Keilzinkenfestigkeit noch nicht gezielt in Abhängigkeit von Festigkeitsklassen von Laubholz beschrieben werden. Gegenwärtig wird am Lehrstuhl für Ingenieurholzbau und Baukonstruktionen der Zusammenhang zwischen Keilzinkenfestigkeit und Klasse der keilgezinkten Bretter gezielt untersucht.

9 Prüfung des Rechenmodells

9.1 Allgemeines

Das Rechenmodell wird geprüft indem die im Versuch geprüften Träger bezüglich ihres Aufbaus und der Eigenschaften der Bretter so exakt wie möglich modelliert und berechnet werden. Es wird also nicht die Struktur eines einzelnen, im Versuch geprüften Trägers im Rechenmodell abgebildet, sondern eine Vielzahl von Trägern simuliert, die dem Aufbauprinzip der Träger einer Tragfähigkeitsklasse und Höhe gehorchen. Anhand der folgenden Kriterien, für die Ergebnisse sowohl aus den Versuchen als auch aus Simulationsrechnungen vorliegen, erfolgt der Test des Rechenmodells: Mittelwert, Standardabweichung, Minimal- und Maximalwert der Biegefestigkeit und des Biege-E-Moduls der Träger.

Es werden die Versuchsträger mit einer Höhe von 34cm und 60cm anhand von jeweils 500 Berechnungen simuliert. Die 11 cm hohen Träger mit nur drei Lamellen werden nicht simuliert. Mit dem Rechenmodell ließe sich kein zuverlässiges Ergebnis erzielen, weil bei Trägern mit nur drei Lamellen nicht die Zug- sondern die Biegefestigkeit der Bretter von entscheidendem Einfluss auf diejenige des Trägers ist.

Die strukturellen Eigenschaften der Bretter wurden mit den Dichtefunktionen simuliert, welche an die Klassen 5/3, 4/2 und 1 angepasst wurden, s. hierzu Abschnitt 5.4. Versuchsträger mit Randlamellen der Klassen 6 und 7 werden nicht gezielt simuliert. Im Vergleich wird sich das lediglich beim Biege-E-Modul niederschlagen. Die Verteilung der Brettlänge wurde einheitlich mit der in Bild 5-5 dargestellten log-Normalverteilung modelliert. Da die Trägertypen 4 und 6 im Kollektiv SH-60 sowie 5 und 7 im Kollektiv H-60 zusammengefasst werden, wird die unterschiedliche Verteilung der Brettlänge vor allem bei der Holzherkunft „Nordhessen“ und „Schönbuch“ nicht gesondert berücksichtigt. Für die Trägertypen 6 und 7, die im Versuch mit 17 Lamellen ausgeführt wurden, wird bei der Simulation ersatzweise eine Lamellenanzahl von 20 verwendet. Der Zug-E-Modul und die 5%-Quantile der Zugfestigkeit der Keilzinken wurde nach den Regressionsgleichungen (8) und (9) berechnet. Sie beträgt für Bretter der Klasse 5 53 N/mm², der Klasse 4 48 N/mm² und der Klasse 1 36 N/mm².

9.2 Träger mit einer Höhe von 34 cm

Bild 9-1 zeigt den Zusammenhang zwischen Biegefestigkeit und Zellennummer des ersten Risses für die Simulationsergebnisse der Trägerkollektive SH-34, H-34 und N-34. Die Zellenkategorie ist durch Symbole gekennzeichnet. Erwartungsgemäß nehmen der Mittelwert sowie der charakteristische Wert der Biegefestigkeit und der Anteil des Keilzinkenversagens bei H-34 ab und sind bei N-34 am niedrigsten. Die vorherrschende Bedeutung der Randlamelle (Zellen 1 bis 42) und der darin vorhandenen Keilzinkenverbindungen sowie Äste wird deutlich. Die Werte unterhalb der charakteristischen Biegefestigkeit werden fast ausschließlich von Beobachtungen bestimmt, die in der Randlamelle der Zugzone den ersten Riss aufweisen.

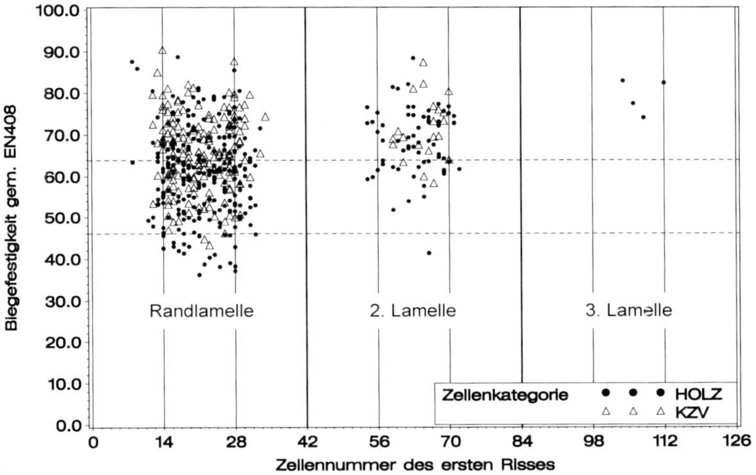

a)

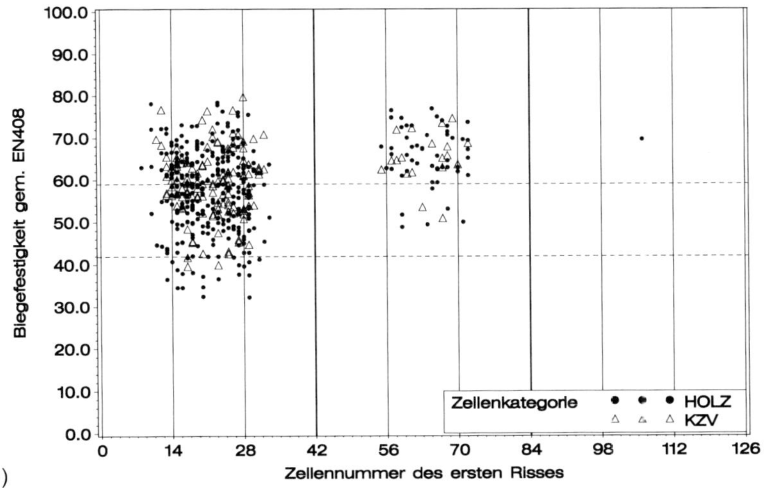

b)

Bild 9-1 Biegefestigkeit des simulierten Trägerkollektivs SH-34 (a), H-34 (b) und N-34 (c) gemäß EN 408 in Abhängigkeit von der Zellennummer des ersten Risses, 5%-Quantile und Mittelwert gestrichelt

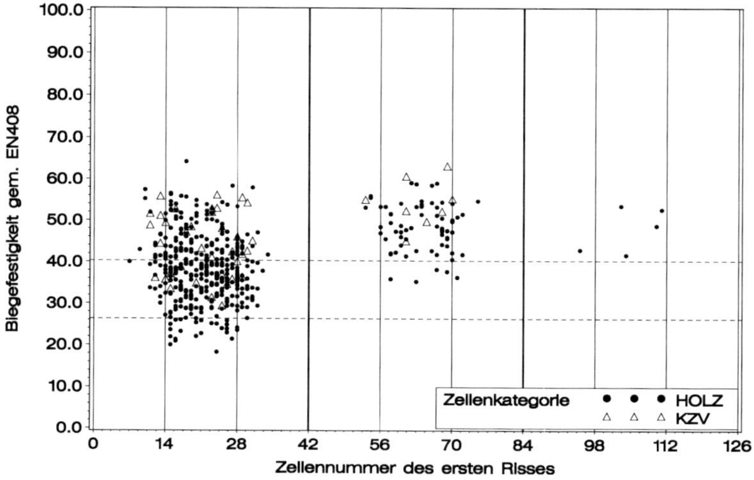

c)

Bild 9-1 (Forts.) Biegefestigkeit des simulierten Trägerkollektivs SH-34 (a), H-34 (b) und N-34 (c) gemäß EN 408 in Abhängigkeit von der Zellennummer des ersten Risses, 5%-Quantile und Mittelwert gestrichelt

Tabelle 9-1 bis Tabelle 9-3 zeigen eine Gegenüberstellung der Versuchs- mit den Simulationsergebnissen. In der rechten Spalte ist das Verhältnis aus Simulations- durch Versuchsergebnis angegeben. Gute Übereinstimmungen werden bei der mittleren Biegefestigkeit und der Standardabweichung der Biegefestigkeit aller Kollektive erzielt. Der Mittelwert des Biege-E-Moduls lässt sich sehr gut bestätigen, was auf die Umrechnung zwischen statischem und dynamischen E-Modul nach Gleichung (14) zurückzuführen ist. Bei den übrigen Kollektiven sind größere Abweichungen zu beobachten. In Bild 9-2 sind die Wertepaare Biegefestigkeit und Biege-E-Modul für die drei Tragfähigkeitsklassen dargestellt.

Tabelle 9-1 Versuchs-/Simulationsergebnisse Trägerkollektiv SH-34

	Versuch	Simulation	Verhältnis
Biegefestigkeit [N/mm^2]			
n	11	500	-
MW	63,7	63,9	1,00
s	7,51	10,26	1,37
5%-Quantile	-	46,0	-
min	50,4	36,2	0,72
max	72,5	90,5	1,25
Statischer Biege-E-Modul [N/mm^2]			
MW	15400	15700	1,02
s	377	337	0,89
min	14700	14800	1,01
max	16000	16700	1,04

Tabelle 9-2 Versuchs-/Simulationsergebnisse Trägerkollektiv H-34

	Versuch	Simulation	Verhältnis
Biegefestigkeit [N/mm^2]			
n	12	500	-
MW	57,8	59,0	1,02
s	9,32	9,24	0,99
5%-Quantile	-	41,9	-
min	46,6	32,3	0,69
max	72,3	79,7	1,10
Statischer Biege-E-Modul [N/mm^2]			
MW	14400	14300	0,99
s	383	191	0,50
min	13700	13800	1,01
max	14800	14900	1,01

Tabelle 9-3 Versuchs-/Simulationsergebnisse Trägerkollektiv N-34

	Versuch	Simulation	Verhältnis
Biegefestigkeit [N/mm²]			
n	5	500	-
MW	43,3	40,3	0,93
s	7,25	8,70	1,20
5%-Quantile	-	26,3	-
min	35	18,3	0,52
max	51,7	64,2	1,24
Statischer Biege-E-Modul [N/mm²]			
MW	12300	11300	0,92
s	402	376	0,94
min	11800	9900	0,84
max	12700	12800	1,01

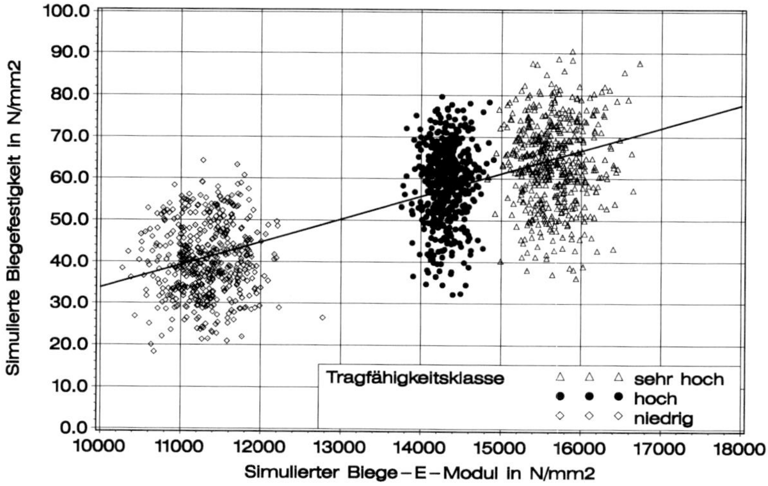

Bild 9-2 Biegefestigkeit in Abhängigkeit vom Biege-E-Modul für die Simulationsrechnungen der Trägerkollektive SH-34, H-34 und N-34; Regressionsgerade für alle Werte

9.3 Träger mit einer Höhe von 60 cm

Bild 9-3 zeigt den Zusammenhang zwischen Biegefestigkeit und Zellennummer des ersten Risses für die Simulationsergebnisse der Trägerkollektive SH-60 und H-60. Auf der Abszisse sind nun 360 Zellen dargestellt, die den ersten 5 Lamellen in der Zugzone entsprechen. Die Randlamelle enthält die Zellen 1 bis 72. Erwartungsgemäß nehmen auch hier der Mittelwert sowie der charakteristische Wert der Biegefestigkeit beim Trägerkollektiv H-60 ab. Tabelle 9-4 und Tabelle 9-5 zeigen eine Gegenüberstellung der Versuchsergebnisse mit den zwei Simulationsergebnissen. Gute Übereinstimmungen werden auch hier bei der mittleren Biegefestigkeit erzielt. Die Standardabweichung lässt sich in der Simulation allerdings nicht bestätigen. Das ist auf die erstaunlich kleine Standardabweichung bei den Typen 6 (s = 4,71 N/mm²) und 7 (s = 1,50 N/mm²) zurückzuführen, die eine äußerst geringe Streuung der Biegefestigkeit besitzen. Der Minimalwert der im Versuch ermittelten Biegefestigkeiten lässt sich nicht beschreiben, da die Versuchsträger durchweg Keilzinkenverbindungen aufwiesen, die Biegespannungen oberhalb von 44,5 N/mm² ermöglichten. Der Mittelwert des Biege-E-Moduls lässt sich erwartungsgemäß sehr gut bestätigen.

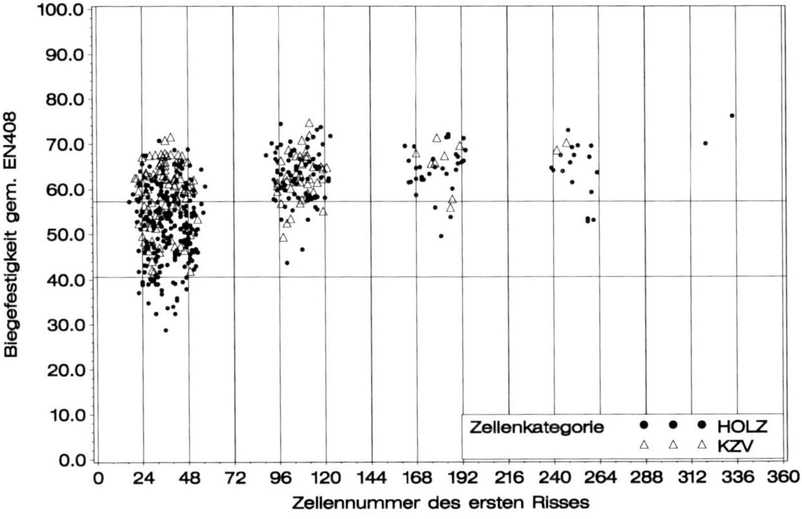

a)

Bild 9-3 Biegefestigkeit des simulierten Trägerkollektivs SH-60 (a), H-60 (b) gemäß EN 408 in Abhängigkeit von der Zellennummer des ersten Risses, 5%-Quantile und Mittelwert gestrichelt

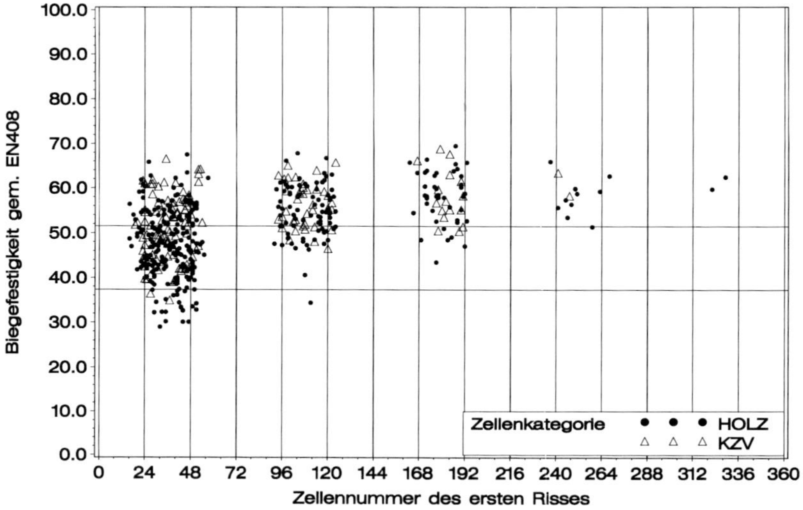

b)

Bild 9-3 (Forts.) Biegefestigkeit des simulierten Trägerkollektivs SH-60 (a), H-60 (b) gemäß EN 408 in Abhängigkeit von der Zellennummer des ersten Risses, 5%-Quantile und Mittelwert gestrichelt

Tabelle 9-4 Versuchs-/Simulationswerte Trägerkollektiv SH-60

	Versuch	Simulation	Verhältnis
Biegefestigkeit [N/mm²]			
n	10	500	-
MW	55,9	57,3	1,03
s	5,78	8,82	1,52
5%-Quantile	-	40,6	-
min	46,9	28,7	0,61
max	67,1	76,3	1,13
Statischer Biege-E-Modul [N/mm²]			
MW	16000	15700	0,98
s	799	204	0,26
min	15100	15100	1,00
max	17300	16300	0,94

Tabelle 9-5 Versuchs-/Simulationswerte Trägerkollektiv H-60

	Versuch	Simulation	Verhältnis
Biegefestigkeit [N/mm²]			
n	8	500	-
MW	50,5	51,5	1,02
s	5,21	8,03	1,54
5%-Quantile	-	37,3	-
min	44,5	29,0	0,65
max	60,7	69,5	1,14
Statischer Biege-E-Modul [N/mm²]			
MW	14400	14300	0,99
s	265	94,8	0,35
min	14000	14100	1,01
max	14800	14600	0,99

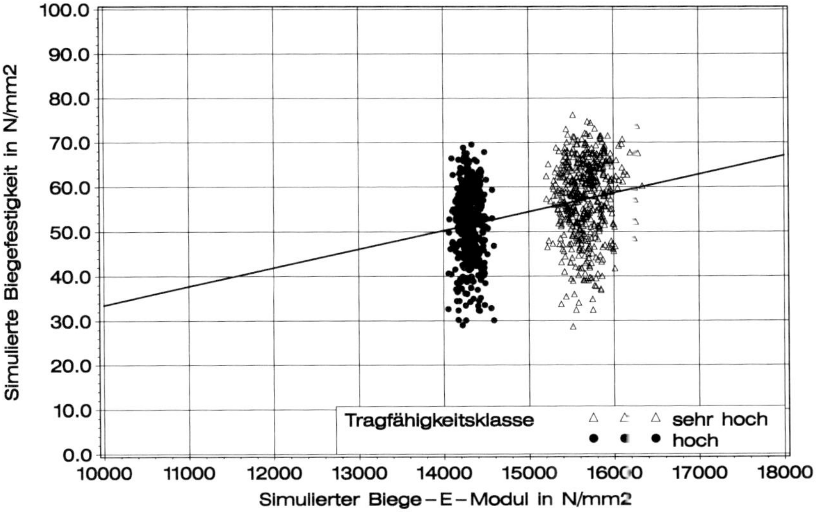

Bild 9-4 Biegefestigkeit in Abhängigkeit vom Biege-E-Modul für die Simulationsrechnungen der Träger SH-60, H-60; Regressionsgerade für alle Werte

9.4 Zusammenfassung

Bild 9-5 zeigt eine vergleichende Gegenüberstellung der Festigkeitswerte aus den Trägerversuchen und der dazugehörigen Simulationsergebnisse. Die Darstellung belegt, dass die Versuchsergebnisse weitgehend innerhalb der Spanne Mittelwert +/- Standardabweichung der Simulationsrechnungen liegen. Die Abnahme der Biegefestigkeit mit zunehmender Trägerhöhe wird in den Simulationsrechnungen richtig wiedergegeben. Bezüglich der Abnahme der Biegefestigkeit aufgrund der unterschiedlichen Randlamellen in den einzelnen Tragfähigkeitsklassen besteht zwischen den Versuchs- und Simulationsrechnungen Übereinstimmung. Insofern ist das Rechenmodell zur Festigkeits- und Steifigkeitsvorhersage von Brettschichtholz aus Buche geeignet.

Das Ausreißen des Versuchswerts mit einer Biegefestigkeit von nur 32,7 N/mm² in der Tragfähigkeitsklasse SH-34 ist auf eine unzureichende Verklebung einer Keilzinkenverbindung in der Randlamelle zurückzuführen, vgl. Bild B-11. Das zeigt die Bedeutung von ordnungsgemäß produzierten Keilzinkenverbindungen. Diese sind neben einer geeigneten Festigkeitssortierung Voraussetzung für die Herstellung von hochfestem Brettschichtholz aus Buche.

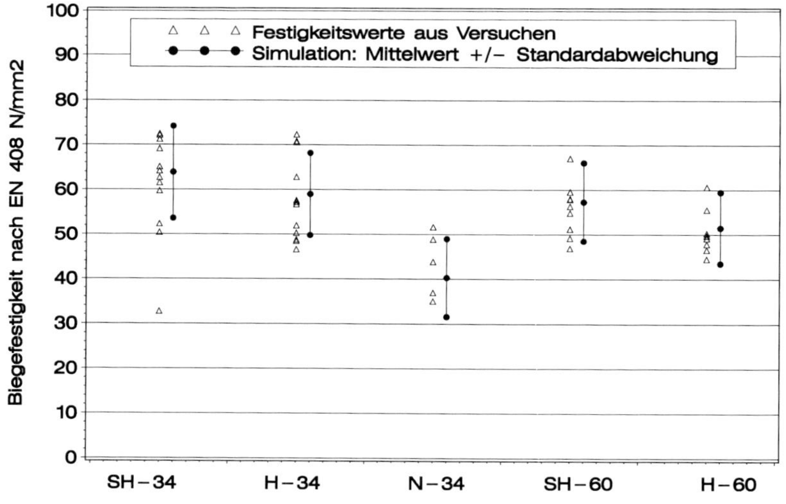

Bild 9-5 Biegefestigkeit der Versuchsträger gruppiert nach Tragfähigkeitsklasse und zugehörige Simulationsergebnisse

10 Berechnung der Biegefestigkeit mithilfe des Rechenmodells

10.1 Allgemeines

Zwischen der charakteristischen sowie mittleren Biegefestigkeit von Brettschichtholz aus Buche, der 5%-Quantile der Keilzinken-Zugfestigkeit, der Spanne des dynamischen E-Moduls der maschinell sortierten Bretter und der oberen Grenze für den Einzelast der Bretter besteht ein enger funktionaler Zusammenhang. Diese drei Merkmale lassen sich gezielt eingrenzen und eignen sich daher als unabhängige Variablen für die Herleitung von Bemessungsvorschlägen für die charakteristische Biegefestigkeit von Brettschichtholz aus Buche. Im Folgenden werden mithilfe des Rechenmodells Simulationsrechnungen durchgeführt, die Daten für eine Regressionsanalyse liefern. Bei den Simulationsrechnungen wird jeweils der Sollwert der 5%-Quantile der Keilzinken-Zugfestigkeit innerhalb einer Spanne von 30 N/mm² bis zu 60 N/mm² mit Schrittweiten von 5 N/mm² variiert. Die Simulationsrechnungen werden jeweils zweimal mit unterschiedlichen Startwerten für die Zufallszahlen durchgeführt. Für jeden Sollwert der 5%-Quantile der Keilzinken-Zugfestigkeit werden insgesamt 600 Berechnungen gemacht. Der maximal zulässige Einzelast und ggf. die Spanne des dynamischen E-Moduls bleibt dabei konstant. Die simulierten Träger sind aus 20 Lamellen aufgebaut. Sie sind 60 cm hoch und haben eine Stützweite von 10,80 m. Es wird entweder eine visuelle oder visuelle und maschinelle Sortierung der Buchenbretter simuliert.

Nach DIN 1052 wird der Sortierklasse LS13 und LS10 die Festigkeitsklasse D40 bzw. D35 zugeordnet. Die 5%-Quantile der Zugfestigkeit nach Abschnitt 2.3 simulierter Bretter der Sortierklasse LS13 beträgt 34 N/mm² und bei LS10 29 N/mm². Das führt auf einen Umrechnungsfaktor für die charakteristische Zugfestigkeit nach DIN EN 408 von 24/34=0,71 bzw. 21/29=0,72 und im Mittel 0,72. Die gute Übereinstimmung der beiden Werte zeigt die korrekte Arbeitsweise des Rechenmodells bei der Simulation von visuell sortiertem Brettmaterial, weil im Rechenmodell der gleiche Festigkeitsabfall simuliert wird. Mit dem Faktor 0,72 gelingt die Umrechnung von simulierter 5%-Quantile der Zugfestigkeit nach Abschnitt 2.3 und charakteristischer Zugfestigkeit nach DIN EN 408.

10.2 Bemessungsvorschlag für GL32 aus D40

Mit einem Aufbau nach Tabelle 10-1 lässt sich die Festigkeitsklasse GL32 mit einer 5%-Quantile der Keilzinken-Zugfestigkeit von 37 N/mm² erreichen. Das entspricht einer charakteristischen Keilzinken-Biegefestigkeit von 52 N/mm², s. Gleichung (16) bzw. (17) sowie Bild 10-1. Sie beträgt bei den Keilzinkenproben der Bretter aus den drei Wuchsgebieten Spessart, Nordhessen und Schönbuch 55,4 N/mm². Das ist ein Beleg dafür, dass GL32 gegenwärtig hergestellt werden kann, vgl. Tabelle C-2.

Tabelle 10-1 Simulierter Aufbau aus visuell sortierten Brettern

	Lamellen	Sortierklasse	DEB
Druckzone	4	LS13	≤0,20
Kern	12	LS10	≤0,50
Zugzone	4	LS13	≤0,20

$$f_{m,k,gl} = -14,2 + 1,87 \cdot f_{t,k,fj} - 0,0167 \cdot f_{t,k,fj}^{2} \qquad (16)$$

mit Gleichung (15) folgt

$$f_{m,k,gl} = -14,2 + 1,34 \cdot f_{m,k,fj} - 0,00852 \cdot f_{m,k,fj}^{2} \qquad (17)$$

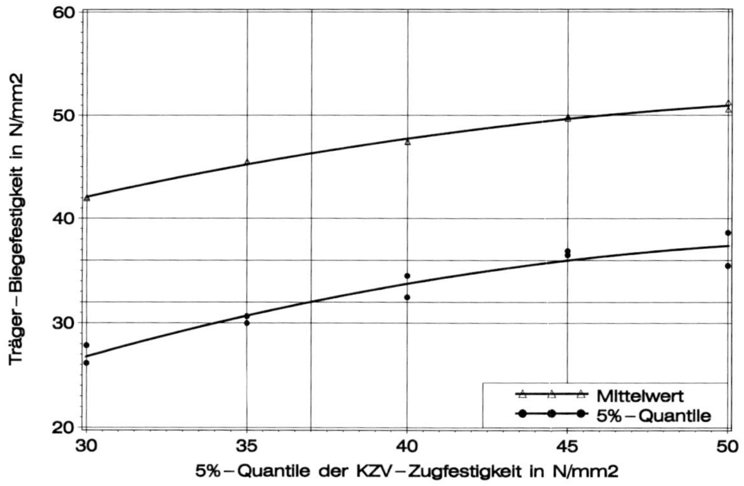

Bild 10-1 Brettschichtholzträger mit Randlamellen der Sortierklasse LS13, Mittelwert und charakteristischer Wert der Biegefestigkeit in Abhängigkeit von der 5%-Quantile der variierten Keilzinkenzugfestigkeit

64% der 1888 Buchenbretter erfüllen die Kriterien für LS13. Wenn im Kernbereich der Träger ein maximaler DEB-Wert von 0,50 eingehalten wird, können 94% der 1888 Bretter für die Herstellung von GL32 verwendet werden. Eine Sortierung von LS10 als Randlamellen ist daher entbehrlich. Die mit dem Rechenmodell aufgezeigte Möglichkeit, GL32 aus D40 herzustellen, wird nicht durch den beim Nadelholz bekannten Aufbau GL36 aus C40 gestützt. Die Gründe hierfür liegen möglicherweise in dem Unterschied zwischen D40 aus einer visuellen Sortierung und C40 aus einer maschinellen Sortierung. Bei einer visuellen Sortierung ist im Gegensatz zur maschinellen Sortierung der E-Modul kein Sortierkriterium. Es befinden sich daher Bretter aus dem gesamten Steifigkeitsspektrum im Sortierergebnis. Eine Dämpfung des Laminierungseffekts könnte daher die Folge sein.

10.3 Bemessungsvorschlag für GL36 aus D45

Bild 10-1 zeigt, dass die Herstellung von GL36 aus Randlamellen der Sortierklasse LS13 nur mit einer 5%-Quantile der Keilzinken-Zugfestigkeit ab 45 N/mm² aufwärts möglich ist. Da die char. Biegefestigkeit der Träger in diesem Bereich nur noch unwesentlich von der Keilzinken-Zugfestigkeit abhängt, ist die Holzqualität festigkeitsbestimmend. Zur Herstellung von GL36 ist daher eine Verbesserung der Holzqualität gegenüber LS13 angezeigt. Damit wird vermieden, dass unnötig hohe Forderungen an die Keilzinkenqualität eine zu niedrige Holzqualität in Bezug auf GL36 überkompensieren müssen.

Für Buchenbretter kann ein weiteres und sehr wirksames Kriterium zur visuellen Sortierung festgesetzt werden, wenn nur Bretter mit Ästen bis 5mm in eine neue Sortierklasse z.B. LS13-astfrei sortiert werden. Dieses Kriterium ist in Anbetracht des hohen Anteils an astfreien Brettern (s. Bild 5-2) eindeutig und daher in der Praxis einfach anzuwenden. Die simulierte charakteristische Zugfestigkeit des Materials LS13-astfrei beträgt 39 N/mm² und nach DIN EN 408 etwa 39·0,72=28 N/mm². In Anlehnung an die Festigkeitsklasse C45 ließe sich damit die Festigkeitsklasse D45 einführen. Mit einem Aufbau nach Tabelle 10-2 lässt sich die Festigkeitsklasse GL36 mit einer 5%-Quantile der Keilzinken-Zugfestigkeit von 40 N/mm² erreichen. Die charakteristische Keilzinken-Biegefestigkeit muss dann mindestens 56 N/mm² betragen, s. Gleichung (18) und (19) sowie Bild 10-2.

Tabelle 10-2 Simulierter Aufbau aus visuell sortierten Brettern

	Lamellen	Sortierklasse	DEB
Druckzone	4	LS13-astfrei	Äste bis 5mm
Kern	12	LS10	≤0,50
Zugzone	4	LS13-astfrei	Äste bis 5mm

$$f_{m,k,gl} = -28,3 + 2,65 \cdot f_{t,k,fj} - 0,0260 \cdot f_{t,k,fj}^{\ 2} \qquad (18)$$

mit Gleichung (15) folgt

$$f_{m,k,gl} = -28,3 + 1,89 \cdot f_{m,k,fj} - 0,0133 \cdot f_{m,k,fj}^{\ 2} \qquad (19)$$

Der Mindestwert von 56 N/mm² wurde bei gemeinsamer Auswertung der Keilzinkenprüfkörper aller drei Wuchsgebiete erreicht, s. nachstehende Berechnung unter Tabelle C-2. Damit wäre belegt, dass für Buche - ohne eine maschinelle Sortierung der Bretter - die derzeit höchste Festigkeitsklasse GL36 verwirklicht werden kann.

33% der 1888 Bretter erfüllen die Anforderung an die Sortierklasse LS13-astfrei. Wenn im Kern der Träger ein Grenzwert für den DEB-Wert von 0,5 gefordert wird, können 94% der Bretter für die Herstellung von GL36 verwendet werden.

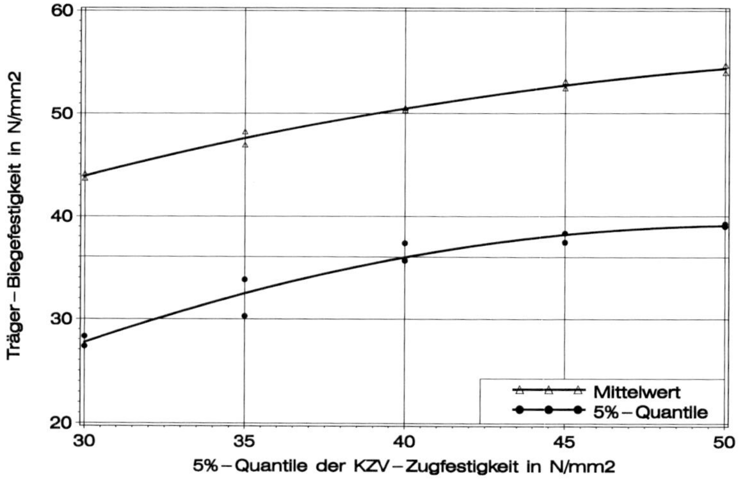

Bild 10-2 Brettschichtholzträger mit Randlamellen der Sortierklasse LS13-astfrei, Mittelwert und charakteristischer Wert der Biegefestigkeit in Abhängigkeit von der 5%-Quantile der variierten Keilzinkenzugfestigkeit

10.4 Bemessungsvorschlag für GL44 aus D55

Mit einem Aufbau nach Tabelle 10-3 lässt sich die Festigkeitsklasse GL44 mit einer 5%-Quantile der Keilzinken-Zugfestigkeit von 47 N/mm² erreichen. Die charakteristische Keilzinken-Biegefestigkeit muss dann mindestens 65,8 N/mm² betragen, s. Gleichung (20) bzw. (21) sowie Bild 10-3. 29% der 1888 Buchenbretter erfüllen die Kriterien für die Klassen 4 und 5 bei gleichzeitig maximalem DEB-Wert von 0,20. Wenn im Kern Bretter der Klassen 2 und 3 mit einem DEB-Wert von 0,5 eingesetzt werden, können 80% der 1888 Bretter für die Herstellung von GL44 verwendet werden. Die simulierte charakteristische Zugfestigkeit der Randlamellen beträgt 46 N/mm² und nach DIN EN 408 etwa 46·0,72=33 N/mm². Das Brettmaterial kann damit der Festigkeitsklasse D55 zugeordnet werden.

Tabelle 10-3 Simulierter Aufbau aus visuell und maschinell sortierten Brettern für GL44

	Lamellen	Klasse	DEB
Druckzone	4	4 und 5: $15000<E_{dyn}$	$\leq 0{,}20$
Kern	12	2 und 3: $13000<E_{dyn}\leq 15000$	$\leq 0{,}50$
Zugzone	4	4 und 5: $15000<E_{dyn}$	$\leq 0{,}20$

$$f_{m,k,gl} = -21{,}0 + 2{,}06 \cdot f_{t,k,fj} - 0{,}0145 \cdot f_{t,k,fj}^{\ 2} \tag{20}$$

mit Gleichung (15) folgt

$$f_{m,k,gl} = -21{,}0 + 1{,}47 \cdot f_{m,k,fj} - 0{,}00740 \cdot f_{m,k,fj}^{\ 2} \tag{21}$$

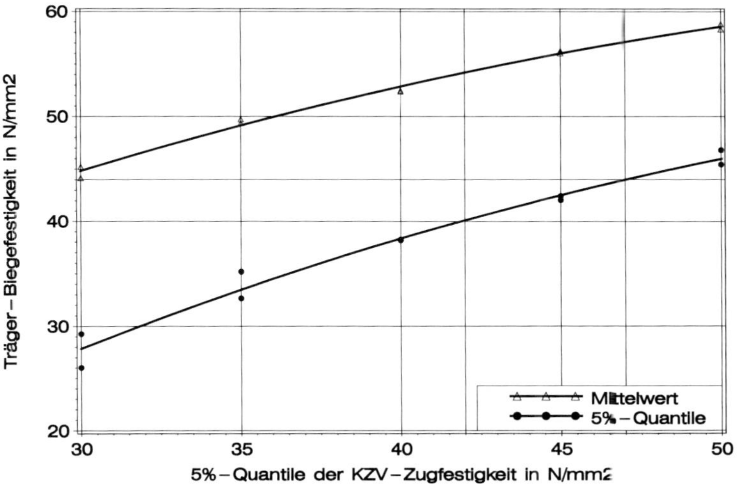

Bild 10-3 Brettschichtholzträger mit Randlamellen der Klassen 4 und 5 sowie einem maximalen DEB-Wert von 0,20, Mittelwert und charakteristischer Wert der Biegefestigkeit in Abhängigkeit von der 5%-Quantile der variierten Keilzinkenzugfestigkeit

10.5 Bemessungsvorschlag für GL48 aus D60

Mit einem Aufbau nach Tabelle 10-4 lässt sich die Festigkeitsklasse GL48 mit einer 5%-Quantile Keilzinken-Zugfestigkeit von 49 N/mm² erreichen. Die charakteristische Keilzinken-Biegefestigkeit muss dann mindestens 68,6 N/mm² betragen, s. Gleichung (22) bzw. (23) sowie Bild 10-4.

Tabelle 10-4 Simulierter Aufbau aus maschinell und visuell sortierten Brettern für GL48

	Lamellen	Klasse	DEB
Druckzone	4	4 und 5: $15000<E_{dyn}$	$\leq 0{,}042$
Kern	12	3: $14000<E_{dyn}\leq 15000$	$\leq 0{,}50$
Zugzone	4	4 und 5: $15000<E_{dyn}$	$\leq 0{,}042$

$$f_{m,k,gl} = -49{,}9 + 3{,}11 \cdot f_{t,k,fj} - 0{,}0226 \cdot f_{t,k,fj}^{2} \qquad (22)$$

mit Gleichung (15) folgt

$$f_{m,k,gl} = -49{,}9 + 2{,}22 \cdot f_{m,k,fj} - 0{,}0115 \cdot f_{m,k,fj}^{2} \qquad (23)$$

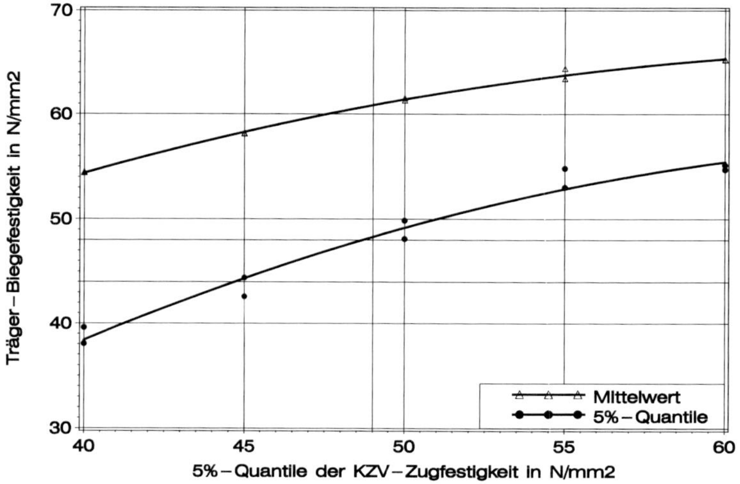

Bild 10-4 Mittelwert und charakteristischer Wert der Biegefestigkeit in Abhängigkeit von der 5%-Quantile der variierten Keilzinkenzugfestigkeit

16% der 1888 Buchenbretter erfüllen die Kriterien für die Klassen 4 und 5 bei gleichzeitig maximalem DEB-Wert von 0,042. Wenn im Kern Bretter der Klasse 3 mit einem DEB-Wert von 0,5 eingesetzt werden, können 48% der 1888 Bretter für die Herstellung von GL48 verwendet werden. Die simulierte charakteristische Zugfestigkeit der Randlamellen beträgt 53 N/mm² und nach DIN EN 408 etwa 53·0,72=38 N/mm². Das Brettmaterial kann damit der Festigkeitsklasse D60 zugeordnet werden.

10.6 Übersicht der Festigkeitsklassen

In Tabelle 10-5 sind die Bemessungsvorschläge der Abschnitte 10.2 bis 10.5 vergleichend gegenübergestellt. Die Festigkeitsklasse der Randlamellen für GL40 und die erforderliche charakteristische Biegefestigkeit der Keilzinken wurde mittels Interpolation festgelegt. Angaben zum Sortiermodell und zum mittleren E-Modul werden hier nicht gemacht, weil prinzipiell jede maschinelle Sortierung in die Festigkeitsklasse D50, die den E-Modul und Äste als Parameter berücksichtigt, für die Herstellung von GL40 geeignet sein sollte. Sinngemäß gilt das für die Festigkeitsklassen D55 und D60.

Tabelle 10-5 Festigkeitsklassen für Brettschichtholz aus Buche

Festigkeitsklasse	GL32	GL36	GL40	GL44	GL48
Festigkeitswerte in N/mm²					
$f_{m,k}$	32	36	40	44	48
$E_{0,mean}$	13500	13500	k.A.	15100	15200
erforderliche char. Biegefestigkeit der Keilzinken in N/mm²					
$f_{m,k,fj}$	52	56	61****	66	69
Sortiermodelle für Randlamellen					
visuell	LS13	LS13**	k.A.	LS13	LS13**
maschinell*	-	-	k.A.	>15000	>15000
Festigkeitsklasse der Randlamellen					
	D40	D45	D50****	D55	D60
Ausbeute in %***					
	94	94	k.A.	80	48

*Grenzwert für den dynamischen E-Modul der Bretter in N/mm²
**hier werden Äste bis 5mm zugelassen
***bezogen auf das Ausgangsmaterial von 1888 Brettern
****Werte durch Interpolation ermittelt
k.A. keine Angabe

10.7 Ausblick

Die mechanischen Eigenschaften und der Aufbau von Brettschichtholz aus Buche sollen zügig baurechtlich geregelt werden. Dafür werden die experimentell gemessenen Festigkeits- und strukturellen Eigenschaften von Buchenbrettern als gegebene und bleibende Eingangsgrößen aufgefasst. Im Falle der Festigkeitseigenschaften von Keilzinkenverbindungen handelt es sich um Eingangsgrößen, deren Entwicklungspotential noch weiter erforscht und ausgeschöpft werden muss. Die gegenwärtig am Lehrstuhl für Ingenieurholzbau und Baukonstruktionen durchgeführten Forschungsarbeiten werden zeigen, dass der dynamische E-Modul als Sortierparameter sowohl die Holz- als auch die Keilzinkenfestigkeit günstig beeinflusst und damit eine maschinelle Sortierung die Herstellung von GL48 ermöglicht.

Geplant ist bereits die Herstellung und Simulation von Hybridquerschnitten mit Buchenlamellen in den hochbeanspruchten und Fichtenlamellen in den weniger beanspruchten Bereichen.

11 Zusammenfassung

Ziel dieses Forschungsvorhabens war die Ermittlung von Festigkeits- und Steifigkeitskennwerten von Brettschichtholz aus Buche. Die Grundlage dafür waren zahlreiche Festigkeitsprüfungen an 150 mm langen Brettabschnitten und Keilzinkenverbindungen, die Eingangsdaten für ein Rechenmodell lieferten, und Biegeprüfungen von Brettschichtholzträgern in Bauteilgröße. Die Ergebnisse des Rechenmodells und der Trägerversuche belegen die hohe Biegefestigkeit und Steifigkeit von Brettschichtholz aus Buche. Es konnte gezeigt werden, dass die Herstellung von GL36 mit einer visuellen Sortierung allein technisch möglich ist. Eine kombiniert maschinelle und visuelle Sortierung ermöglicht die Herstellung von GL48.

Für dieses Forschungsvorhaben wurden etwa 2240 Buchenbretter aus mehreren Wuchsgebieten Deutschlands entnommen. Die strukturellen Eigenschaften Rohdichte, Brettlänge und Ästigkeit sowie dynamischer E-Modul wurden an allen Brettern ermittelt. Mit 350 Brettern wurde ein umfangreiches Versuchsprogramm zur Bestimmung der mechanischen Eigenschaften von kurzen Brettabschnitten und Keilzinkenverbindungen durchgeführt. Die Zug- und Druckversuche erforderten besondere Prüfbedingungen, um den Beanspruchungszustand innerhalb eines Brettschichtholzträgers wirklichkeitsnah abzubilden. An einem Teil dieser Bretter wurden gezielt Versuche durchgeführt, deren Auswertung auf den Autokorrelationseffekt bezüglich der mechanischen Eigenschaften abzielte.

Es wurden Gleichungen zur Beschreibung der Arbeitslinien und der mechanischen Eigenschaften von Buchenholz hergeleitet. Die Autokorrelation der mechanischen Eigenschaften kann mit einer an den Versuchen belegbaren Aufteilung der Reststreuung innerhalb des Brettangebots und in Brettlängsrichtung beschrieben werden.

Ein neues Rechenmodell bestehend aus einem Simulations- und Finite-Elemente Programm wurde entwickelt. Damit lassen sich Biegeversuche an Brettschichtholzträgern nach DIN EN 408 simulieren. Die Daten für die strukturellen Eigenschaften der Bretter und die Bestimmungsgleichungen für die mechanischen Eigenschaften finden darin Verwendung.

Aus etwa 1890 Brettern wurden 59 Brettschichtholzträger hergestellt. Dafür wurden die Bretter nach dem dynamischen E-Modul klassifiziert. Die Brettschichtholzträger besitzen einen kombinierten Aufbau mit gezielt steiferen Randlamellen. Der überwiegende Teil der Träger besitzt eine Höhe von 34 cm und 60 cm und eine Stützweite von 510 cm bzw. 900 cm.

Die Ergebnisse der Trägerversuche belegen die hohe Biegefestigkeit und bei geeigneter maschineller Sortierung hohe Steifigkeit. Die Versuchsträger besitzen Biegefestigkeiten über 44,5 N/mm². Ein Biege-E-Modul über 17000 N/mm² konnte bei 2 Trägern mit Randlamellen höchster Steifigkeit nachgewiesen werden.

Ergebnisse des Rechenmodells konnten anhand der Versuche bestätigt werden. Damit ist die Eignung des Rechenmodells zur Bestimmung von Bemessungsvorschlägen nachgewiesen. In Abhängigkeit von der charakteristischen Biegefestigkeit von Keilzinken und verschiedenen Sortiermodellen lassen sich Festigkeitsklassen für Brettschichtholz aus Buche aufstellen. Eine visuelle Sortierung in die Sortierklasse LS13 ermöglicht die Herstellung von GL32. Werden nur Bretter mit Ästen bis 5mm verwendet lässt sich GL36 produzieren. Eine maschinelle Sortierung nach dem E-Modul und nach Ästen in die Festigkeitsklasse D50 bzw. D60 ist die Voraussetzung für GL40 bzw. GL48.

12 Bezeichnungen

DAB	Ästigkeit A bei Astansammlung nach DIN 4074 Teil 5
DEB	Ästigkeit A beim Einzelast nach DIN 4074 Teil 5
ε_c	Dehnung von Holzzellen bei Druckbeanspruchung
$\varepsilon_{c,fj}$	Dehnung von Keilzinken bei Druckbeanspruchung
E_c	Druck-E-Modul von Holzzellen
$E_{c,fj}$	Druck-E-Modul von Keilzinkenverbindungen
E_{dyn}	Dynamischer E-Modul ermittelt aus Längsschwingungen
$E_{dyn,min}$	kleinerer dynamischer E-Modul von zwei keilgezinkten Brettern
E_i	Statischer Druck- oder Zug-E-Modul der Holzzellen eines Brettes mit N Zellen
E_{stat}	Statischer E-Modul des gesamten Brettes in Längsrichtung
E_t	Zug-E-Modul von Holzzellen
$E_{t,fj}$	Zug-E-Modul von Keilzinkenverbindungen
f_c	Druckfestigkeit von Holzzellen
$f_{c,end}$	Asymptotische End-Druckfestigkeit von Holzzellen
$f_{c,end,fj}$	Asymptotische End-Druckfestigkeit von Keilzinken
$f_{c,fj}$	Druckfestigkeit von Keilzinkenverbindungen
$f_{m,fj}$	Biegefestigkeit von Keilzinken
$f_{m,k,fj}$	Charakteristische Biegefestigkeit von Keilzinken
$f_{m,k,gl}$	Charakteristische Biegefestigkeit von Brettschichtholz aus Buche
$f_{m,M,fj}$	Mittlere Biegefestigkeit von Keilzinken
f_t	Zugfestigkeit von Holzzellen
$f_{t,fj}$	Zugfestigkeit von Keilzinkenverbindungen
$f_{t,k,fj}$	Charakteristische Zugfestigkeit von Keilzinken
F	Kraft, konzentrierte Einzellast
h	Trägerhöhe
k	Hilfswerte
ℓ	Stützweite
KAR	Ästigkeit Knot Area Ratio
max	größter Wert
min	kleinster Wert
MW	Mittelwert (=Mean)
n bzw. N	Anzahl
P	Vorhersagewert (nachgestellt)
r	Korrelationskoeffizient
ρ_0	Darr-Rohdichte von Holzzellen (RHO0)

$\rho_{0,max}$	größere Darr-Rohdichte von zwei keilgezinkten Holzzellen (RHO0MAX)
$\rho_{0,min}$	kleinere Darr-Rohdichte von zwei keilgezinkten Holzzellen (RHO0MIN)
$\rho_{M,0}$	Mittlere Darr-Rohdichte des Brettes
ρ_{Brutto}	Bruttorohdichte des Brettes
s	Standardabweichung
u	Holzfeuchte
w	Durchbiegung

13 Literatur

Gehri E. (1998). Glued-laminated timber: Use of hardwoods. Proceedings of the 5th World Conference on Timber Engineering WCTE 1998. Montreux, Switzerland. Vol. II

Aicher S, Höfflin L, Behrens W, (2001). A study on tension strength of finger joints in beech wood laminations. Otto-Graf-Journal Vol.12

Glos P, Lederer B, (2000). Sortierung von Buchen- und Eichenschnittholz nach der Tragfähigkeit und Bestimmung der zugehörigen Festigkeits- und Steifigkeitskennwerte. Bericht Nr. 98508. Institut für Holzforschung. TU München

Ehlbeck J, Colling F, Görlacher R (1985). Einfluss keilgezinkter Lamellen auf die Biegefestigkeit von Brettschichtholzträgern. Holz als Roh- und Werkstoff 43: S. 333-337, 369-373, 439-442

Ehlbeck J, Colling F (1987). Die Biegefestigkeit von Brettschichtholzträgern in Abhängigkeit von den Eigenschaften der Brettlamellen. Bauen mit Holz. Vol. 89. S. 646-655

Görlacher R (1984). Ein neues Messverfahren zur Bestimmung des Elastizitätsmoduls von Holz. Holz als Roh- und Werkstoff 42:219-222

Görlacher R (1990). Klassifizierung von Brettschichtholzlamellen durch Messung von Longitudinalschwingungen. Karlsruhe, Universität (TH). Dissertation

Frühwald K, Schickhofer G (2004). Strength Grading of Hardwoods. Proceedings of the 8th World Conference on Timber Engineering WCTE 2004. Lahti, Finland. Volume III

Becker P, Ressel JB (2004). High Quality Beech Glulam. Proceedings of the 8th World Conference on Timber Engineering WCTE 2004. Lahti, Finland. Volume III

Glos P (1978). Zur Bestimmung des Festigkeitsverhaltens von Brettschichtholz bei Druckbeanspruchung aus Werkstoff- und Einwirkungskenngrößen. Berichte zur Zuverlässigkeitstheorie der Bauwerke. Laboratorium für den konstruktiven Ingenieurbau, Technische Universität München. Heft 35/78

Colling F, Ehlbeck J, Görlacher R (1991). Glued laminated timber – Contribution to the determination of the bending strength of glulam beams. CIB-W18/24-12-1. Oxford, United Kingdom

Ehlbeck J, Colling F (1992). Biegefestigkeit von Brettschichtholz in Abhängigkeit von den Eigenschaften der Brettlamellen im Hinblick auf Normungsvorschläge. Forschungsbericht der Versuchsanstalt für Stahl, Holz und Steine, Abteilung Ingenieurholzbau. Karlsruhe, Universität (TH)

Colling F, Ehlbeck J, Görlacher R (1993). Norwegian bending tests with glued laminated beams - comparative calculations with the "Karlsruhe calculation model". Forschungsbericht der Versuchsanstalt für Stahl, Holz und Steine, Abteilung Ingenieurholzbau. Karlsruhe, Universität (TH)

Falk RH, Colling F (1995). Lamination effects in Glued-Laminated Timber Beams. Journal of Structural Engineering. December 1995. P. 1857-1863

Colling F, Ehlbeck J, Kurzweil L, (1996). Erstellen von Eigenschaftsprofilen von Brettschichtholz. Forschungsbericht der Versuchsanstalt für Stahl, Holz und Steine, Abteilung Ingenieurholzbau. Karlsruhe, Universität (TH)

14 Zitierte Normen

DIN 4074 Teil 5, Ausgabe Juni 2003. Sortierung von Holz nach der Tragfähigkeit, Laubschnittholz

DIN EN 408, Ausgabe April 1996. Bauholz für tragende Zwecke und Brettschichtholz – Bestimmung einiger physikalischer und mechanischer Eigenschaften

DIN 1052, Ausgabe August 2004. Entwurf, Berechnung und Bemessung von Holzbauwerken – Allgemeine Bemessungsregeln und Bemessungsregeln für den Hochbau

DIN EN 338, Ausgabe September 2003. Bauholz für tragende Zwecke - Festigkeitsklassen

ISO 3131, Ausgabe Juni 1996. Holz - Bestimmung der Dichte für physikalische und mechanische Prüfungen

Anhang A Eigenschaften und Klassifizierung der Buchenbretter

Tabelle A-1 Allgemeine Angaben zu den Buchenbrettern

Wuchsgebiet	Bayern Spessart	Ostwestfalen Nordhessen	Baden Württemberg Schönbuch
Einschlag	12/01 bis 03/02	01/01	Winter 2001
Güteklassen	Vorwiegend B Geringer Anteil an A / C	Vorwiegend C Geringer Anteil an B	B / C
Kriterien	keine Angabe	Äste	Rotkern, Äste
Einschnitt	12/01 bis 03/02	04/01 bis 05/01	02/01 bis 03/01
Stammteile	Erdstämme Mittelstämme	Vorwiegend Mittelstämme Geringer Anteil an Erdstämmen und Zopfstücken	Erdstämme Mittelstämme Zopfstücke
Durchm.	25 - 49 cm	Keine Angabe	40 - 70 cm
Einschnittart	Scharfschnitt unbesäumt	Scharfschnitt unbesäumt	Scharfschnitt unbesäumt
Freiluft-trocknung	Ca. 1,5 - 2 Jahre	Ca. 2,5 Jahre	Ca. 2,5 Jahre
Techn. Trocknung	Ca. 14 Tage	Ca. 14 Tage	Ca. 10 Tage
verwendete Bretter	70% Herz-, Mittelbretter 30% Seitenbretter	Herz-, Mittel- und Seitenbretter	Herz-, Mittelbretter
Weitere mögliche Verwendung	Massivholzplatten, Treppenbau, Möbelbau	Keilgezinkte Leimholzplatten	Polstermöbel-gestelle

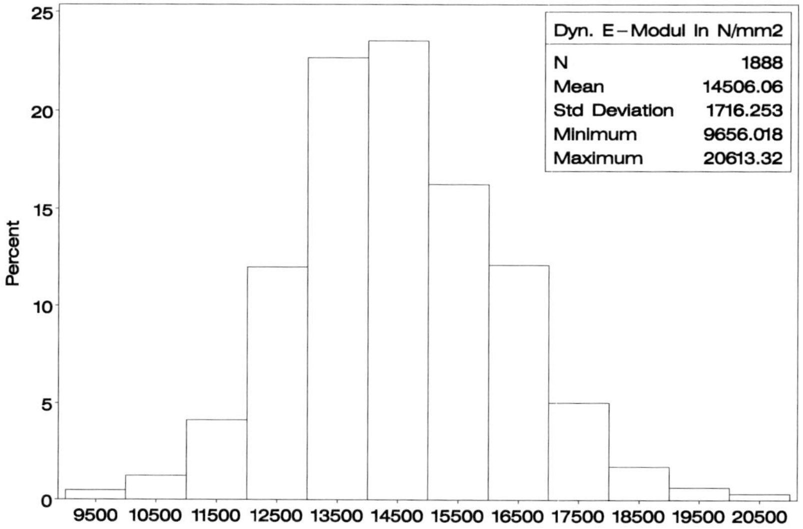

Bild A-1 Häufigkeitsverteilung des dynamischen E-Moduls

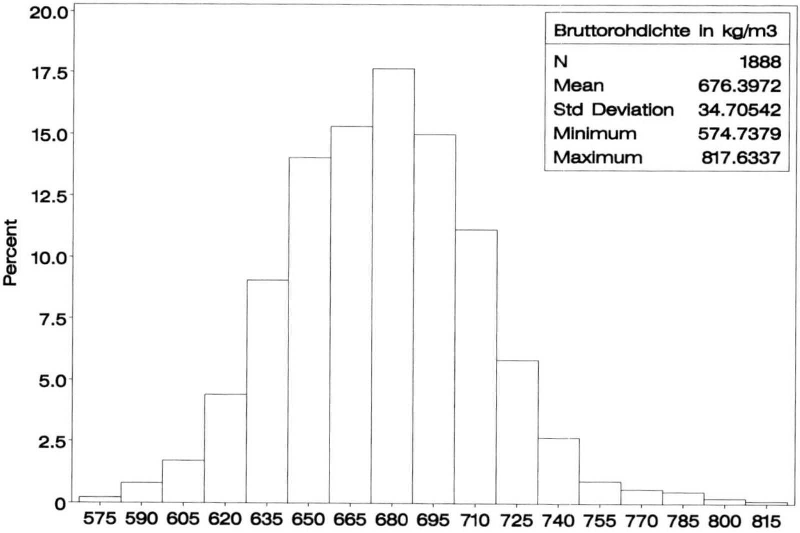

Bild A-2 Häufigkeitsverteilung der Bruttorohdichte

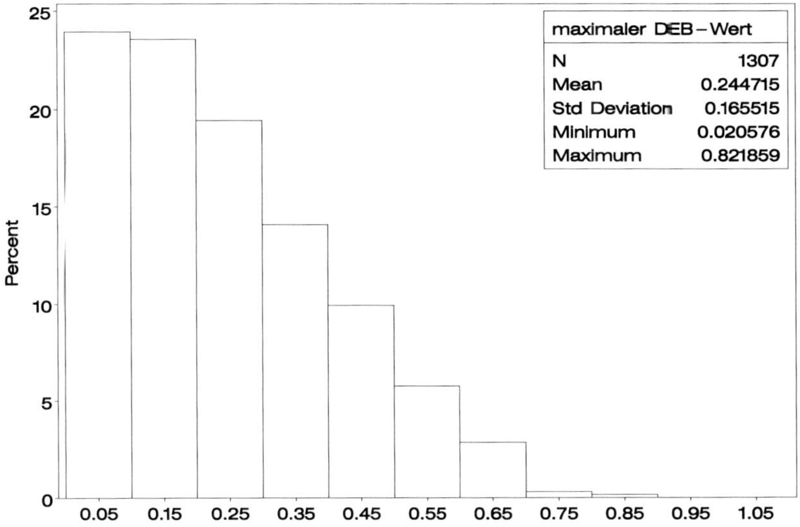

Bild A-3 Häufigkeitsverteilung des maximalen DEB-Wertes

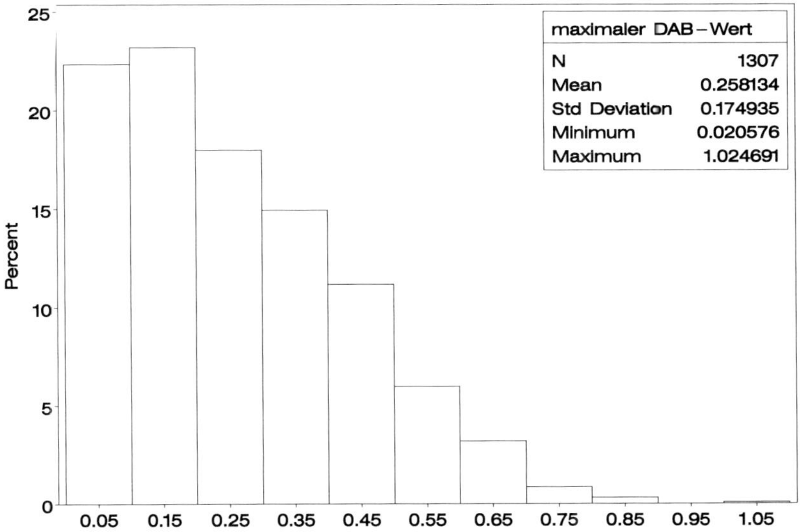

Bild A-4 Häufigkeitsverteilung des maximalen DAB-Wertes

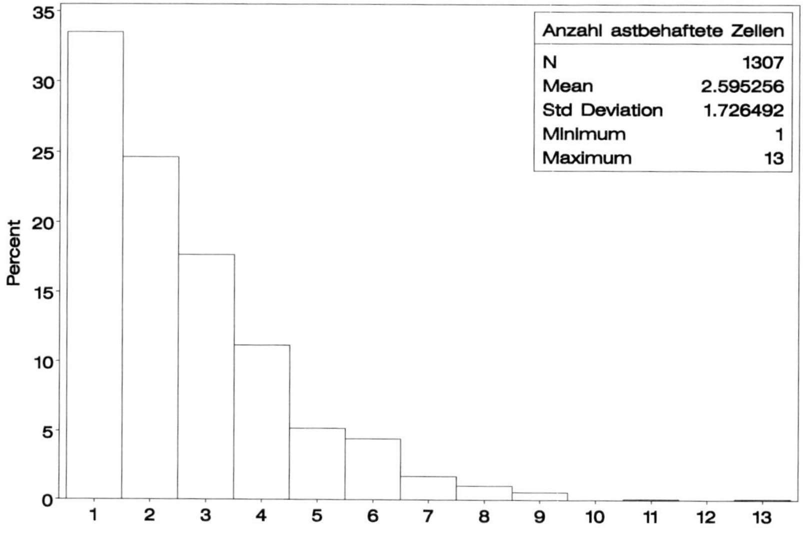

Bild A-5 Häufigkeitsverteilung der Anzahl astbehafteter Zellen innerhalb eines Brettes

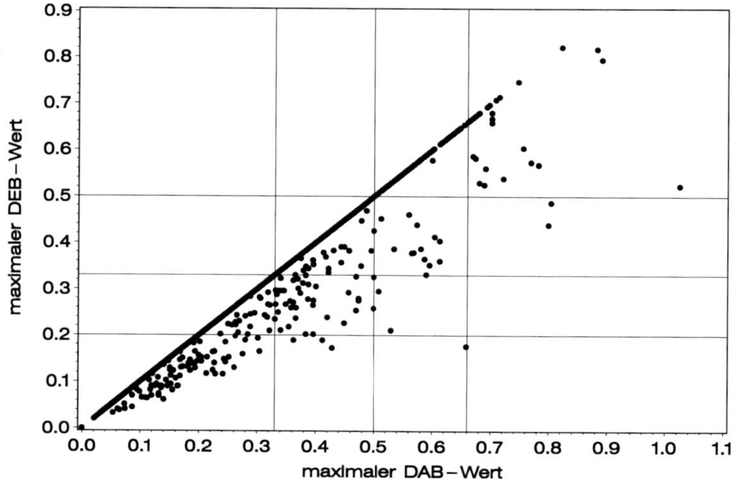

Bild A-6 Maximaler DEB-Wert in Abhängigkeit vom maximalen DAB-Wert; beide Werte müssen nicht in der selben Zelle liegen

Herkunft Spessart

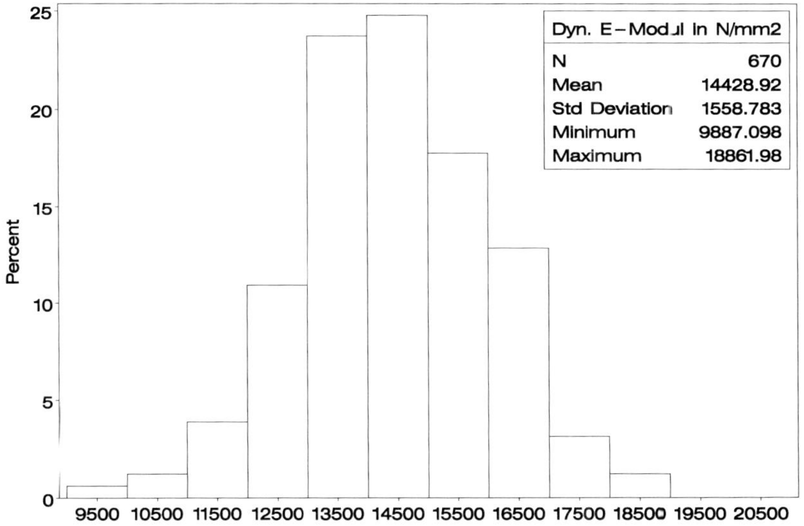

Bild A-7 Häufigkeitsverteilung des dynamischen-E-Moduls

Tabelle A-2 Ausbeute der Bretter in den 5 Klassen

Klasse	Anzahl	Brettlänge [m]	Brettlänge [%]
1	111	280	17
2	159	403	24
3	166	422	25
4	119	299	18
5	115	284	17
1 bis 5	670	1688	100

Tabelle A-3 Ästigkeit der Bretter innerhalb der 5 Klassen

Klasse	mit Ästen [Stk.]	ohne Äste [Stk.]	mit Ästen [%]	ohne Äste [%]	max DEB* MW	max DEB* s
1	88	23	79	21	0,30	0,16
2	100	59	63	37	0,20	0,15
3	98	68	59	41	0,17	0,12
4	81	38	68	32	0,15	0,10
5	74	41	64	36	0,14	0,10
1 bis 5	441	229	66	34	0,19	0,14
* nur astbehaftete Bretter berücksichtigt						

Tabelle A-4 Querschnittsmaße der Bretter

	Brettbreite [mm]	Brettdicke [mm]	Brettlänge [mm]
MW	121,5	41,3	2520
min	119	39	1440
max	124	44	4050

Herkunft Nordhessen

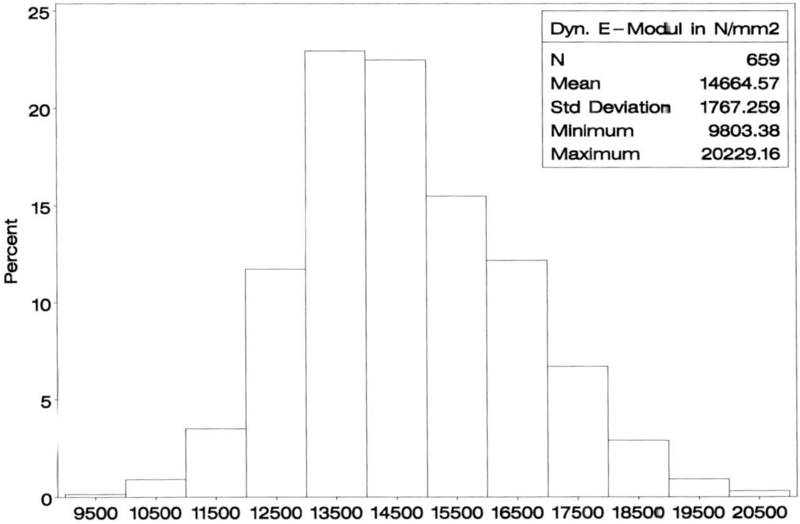

Bild A-8 Häufigkeitsverteilung des dynamischen-E-Moduls

Tabelle A-5 Ausbeute der Bretter in den 7 Klassen

Klasse	Anzahl [Stk.]	Brettlänge [m]	Brettlänge [%]
1	107	243	16
2	151	351	23
3	148	349	23
4	102	238	16
5	80	177	12
6	44	99	7
7	27	61	4
1 bis 7	659	1517	100

Tabelle A-6 Ästigkeit der Bretter innerhalb der 7 Klassen

Klasse	mit Ästen [Stk.]	ohne Äste [Stk.]	mit Ästen [%]	ohne Äste [%]	max DEB* MW	max DEB* s
1	100	7	94	6	0,36	0,19
2	129	22	85	15	0,28	0,16
3	119	29	80	20	0,24	0,14
4	64	38	63	37	0,17	0,11
5	46	34	58	42	0,18	0,11
6	21	23	48	52	0,16	0,11
7	18	9	67	33	0,11	0,063
1 bis 7	497	162	75	25	0,25	0,16
* nur astbehaftete Bretter berücksichtigt						

Tabelle A-7 Querschnittsmaße

	Brettbreite [mm]	Brettdicke [mm]	Brettlänge [mm]
MW	116,2	39,7	2300
min	107	37	1460
max	117	42	3080

Herkunft Schönbuch

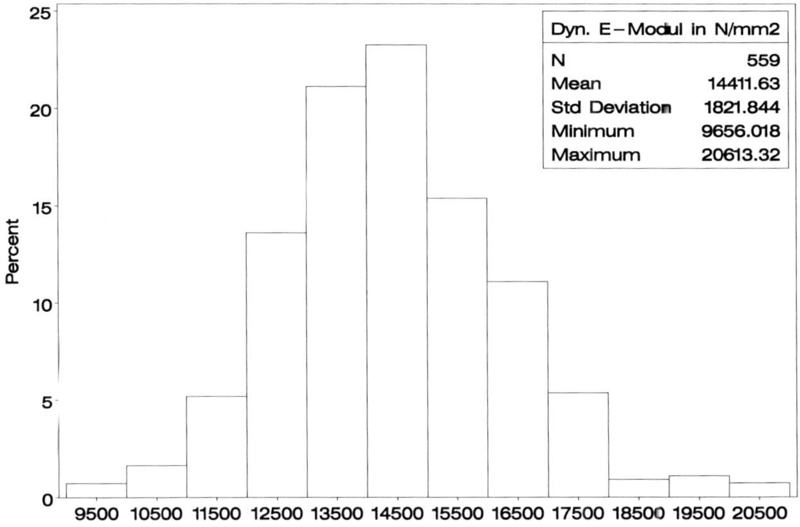

Bild A-9 Häufigkeitsverteilung des dynamischen-E-Moduls

Tabelle A-8 Ausbeute der Bretter in den 7 Klassen

Klasse	Anzahl [Stk.]	Brettlänge [m]	Brettlänge [%]
1	118	338	20
2	118	354	21
3	130	386	23
4	86	265	16
5	62	184	11
6	30	84	5
7	15	44	3
1 bis 7	559	1655	100

Tabelle A-9 Ästigkeit der Bretter innerhalb der 7 Klassen

Klasse	mit Ästen [Stk.]	ohne Äste [Stk.]	mit Ästen [%]	ohne Äste [%]	max DEB* MW	max DEB* s
1	101	17	86	14	0,42	0,18
2	87	31	74	26	0,30	0,16
3	78	52	60	40	0,27	0,15
4	55	31	64	36	0,24	0,14
5	33	29	53	47	0,19	0,13
6	12	18	40	60	0,12	0,11
7	3	12	20	80	0,10	0,047
1 bis 7	369	190	66	34	0,30	0,18
* nur astbehaftete Bretter berücksichtigt						

Tabelle A-10 Querschnittsmaße

	Brettbreite [mm]	Brettdicke [mm]	Brettlänge [mm]
MW	115	44,3	2960
min	114	41	1430
max	116	48	4650

Anhang B Aufbau der Versuchsträger, Ergebnisse und Beobachtungen

Tabelle B-1 Aufbau der kombinierten Versuchsträger, Typen 1, 2 und des homogenen Typs 3

Typ	Typ 1	Typ 2	Typ 3
Träger	W1 bis W12	W13 bis W24	W25 bis W29
Druckzone	5	4	1
	5	4	1
	3	2	1
	3	2	1
	3	2	1
	3	2	1
	3	2	1
	3	2	1
	5	4	1
Zugzone	5	4	1

Tabelle B-2 Aufbau der kombinierten Versuchsträger, Typen 4 und 5

Typ	Typ 4	Typ 4	Typ 4	Typ 4	Typ 4	Typ 5	Typ 5	Typ 5
Träger	K1	K2	K3	K4	K5	K6	K7	K8
Druckzone	5	5	6	7	5	4	4	4
	5	5	6	7	5	4	4	4
	5	5	6	7/3	4	4	4	4/3
	5	5	6	3	2	4	4	4
	3	3	3	3	2	2	2	3/2
	3	3	3	3	2	2	2	1
	3	3	3	3	1	2	1	1
	3	3	3	3	1	2	1	1
	2	2	2	3	1	2	1	1
	2	2	2	3	1	2	1	1
	2	2	2	2/3	1	2	1	1
	2	2	2	2	1	2	1	1
	3	3	3	3	1	1	1	1
	3	3	3	3	1	2	1	1
	3	3	3	3	2	2	2	1
	3	3	3	3	2	2	2	2
	5	5	6	7/6	2	4	4	4
	5	5/6	6	7	4	4	4	4
	5	6	6	7	5	4	4	4
Zugzone	5	6	6	7	5	4	4	4

Tabelle B-3 Aufbau der kombinierten Versuchsträger, Typen 6 und 7

Typ	Typ 6	Typ 6	Typ 6	Typ 6	Typ 6	Typ 7	Typ 7	Typ 7	Typ 7	Typ 7
Träger	R1	R2	R3	R4	R5	R6	R7	R8	R9	R10
Druckzone	7	6	5	5	5	5	4	4	4	4
	7/6	6	5/6	5	5	5	4	4	4	4
	6	6	6	5	5	5	4	4	4	4
	3	3	3	3	3	3	2	2	2	2
	3	3	3	3	3	3	2	2	2	1
	3	3	3	3	3	3	2	2	2	1
	2	3	3	2	1	1	1	1	½	1
	2	2	2	2	1	1	1	1	½	1
	2	2	2	2	1	1	1	1	1	1
	2	2	2	2	1	1	1	1	1	1
	2	3	3	2	1	1	1	1	1	1
	3	3	3	3	3	3	2	2	2/3	1
	3	3	3	3	3	3	2	2	2	1
	3	3	3	3	3	3	2	2	2	2
	7	6	5	5	5	4	4	4	4	4
	7	6	5	5	5	4	4	4	4	4
Zugzone	7	6	5	5	5	4	4	4	4	4

Tabelle B-4 Aufbau der Trio-Versuchsträger, Typen 8 und 9

Typ	Typ 8	Typ 9
Träger	T1 bis T6	T7 bis T12
Druckzone	4	1
	2	1
Zugzone	4	1

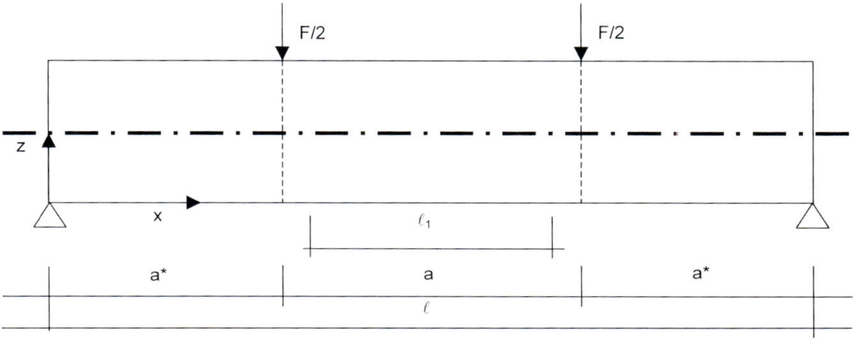

Bild B-1 Versuchsaufbau der Versuchsträger Typen 1 bis 9

Bild B-2 Träger K1: Während des Biegeversuch nach DIN EN 408 mit Kippaussteifung

Tabelle B-5 Querschnittsmaße in [mm] gemäß Bild B-1

	Querschnittsmaße			Statisches System			Lamellen	
Typen	Länge	Höhe	Breite	l	a	a*	Dicke	Anzahl
1 bis 3	5600	341	110	5100	2100	1650	34,1	10
4 bis 5	9320	605	100	9000	3600	2700	30,3	20
6 bis 7	9320	607	105	9000	3600	2700	35,7	17
8 bis 9	1550	107	105	1488	640	424	35,7	3

Tabelle B-6 Messlänge l_1 in [mm] zur Bestimmung des Elastizitätsmoduls und querkraftfreier Bereich a nach EN 408

	im Versuch		gemäß EN 408	
Typen	l1	a	l1	a
1 bis 3	1700	2100	1705	2046
4 bis 7	3000	3600	3030	3636
8 bis 9	530	640	535	642

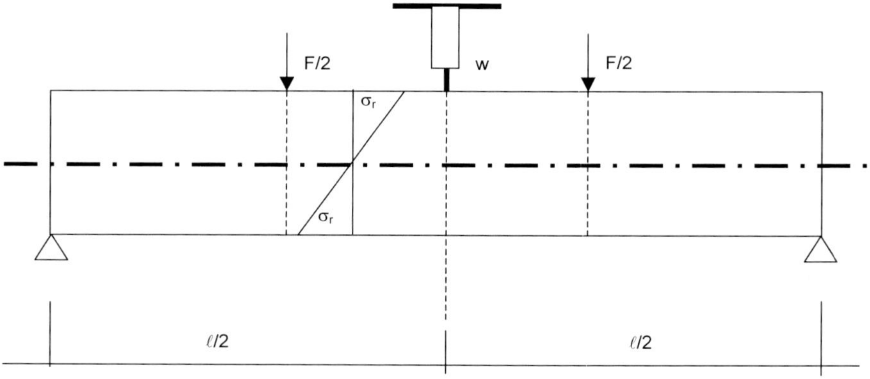

Bild B-3 Darstellung der rechnerischen Randspannung und Durchbiegungsmessung in der Mitte der Trägeroberkante

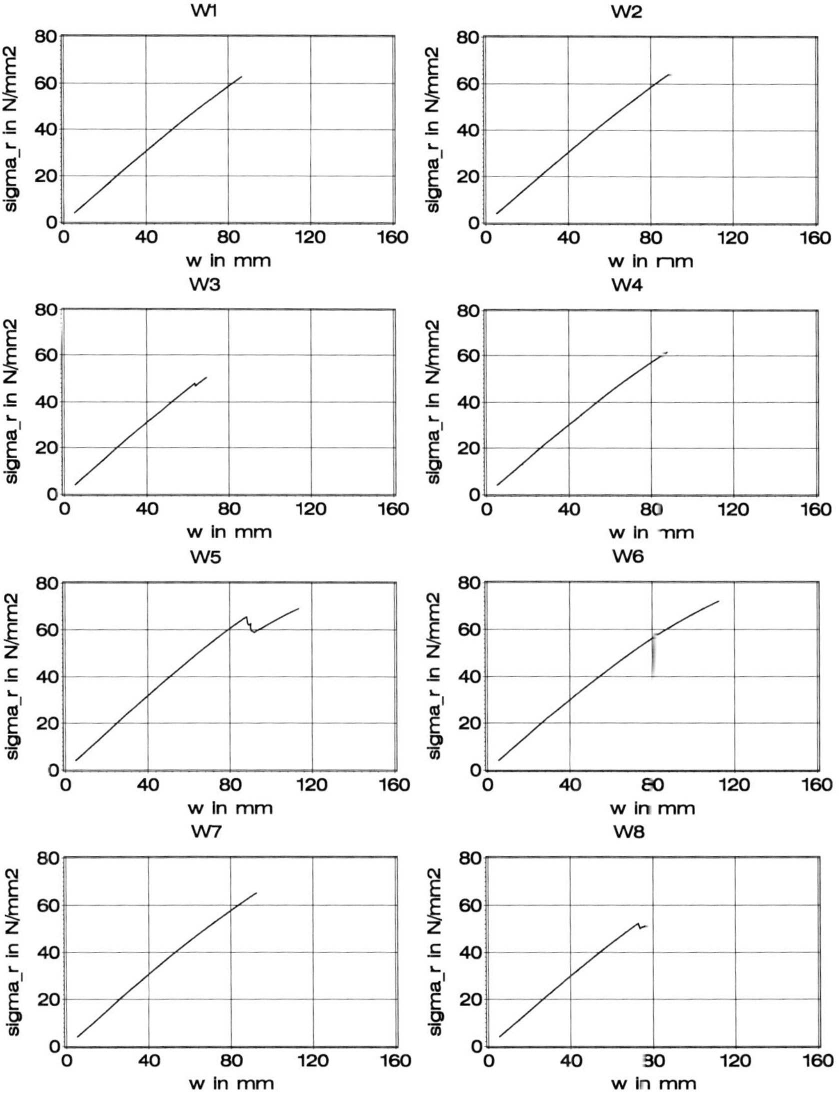

Bild B-4 Rechnerische Randspannung in Abhängigkeit von der Durchbiegung in der Mitte der Trägeroberkante, vgl. Bild B-3

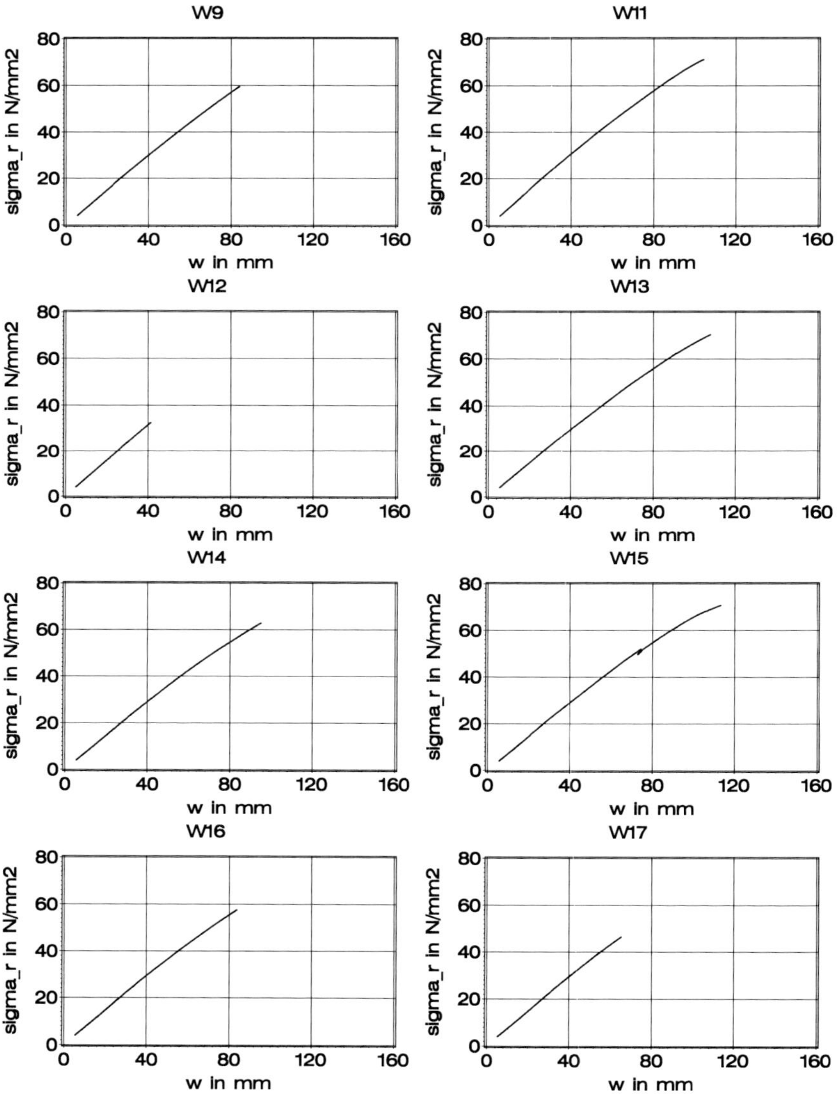

Bild B-4 (Forts.) Rechnerische Randspannung in Abhängigkeit von der Durchbiegung in der Mitte der Trägeroberkante, vgl. Bild B-3; für W10 liegt kein Diagramm vor

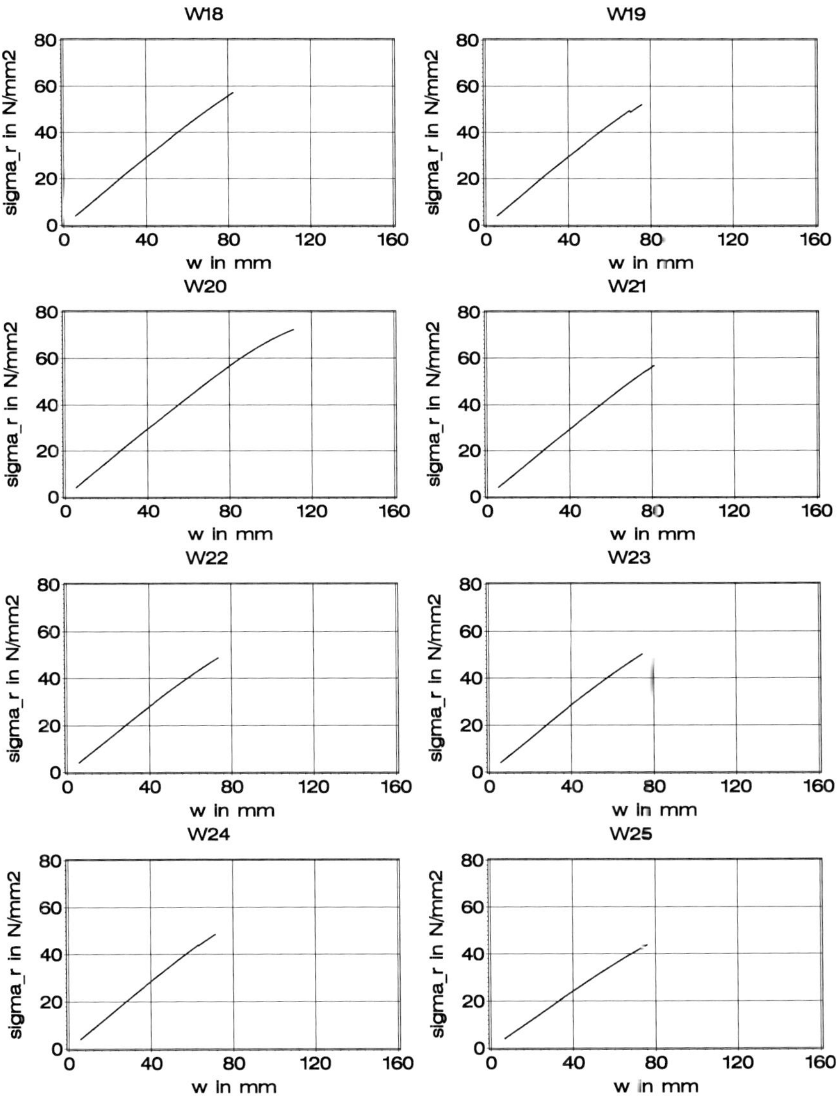

Bild B-4 (Forts.) Rechnerische Randspannung in Abhängigkeit von der Durchbiegung in der Mitte der Trägeroberkante, vgl. Bild B-3

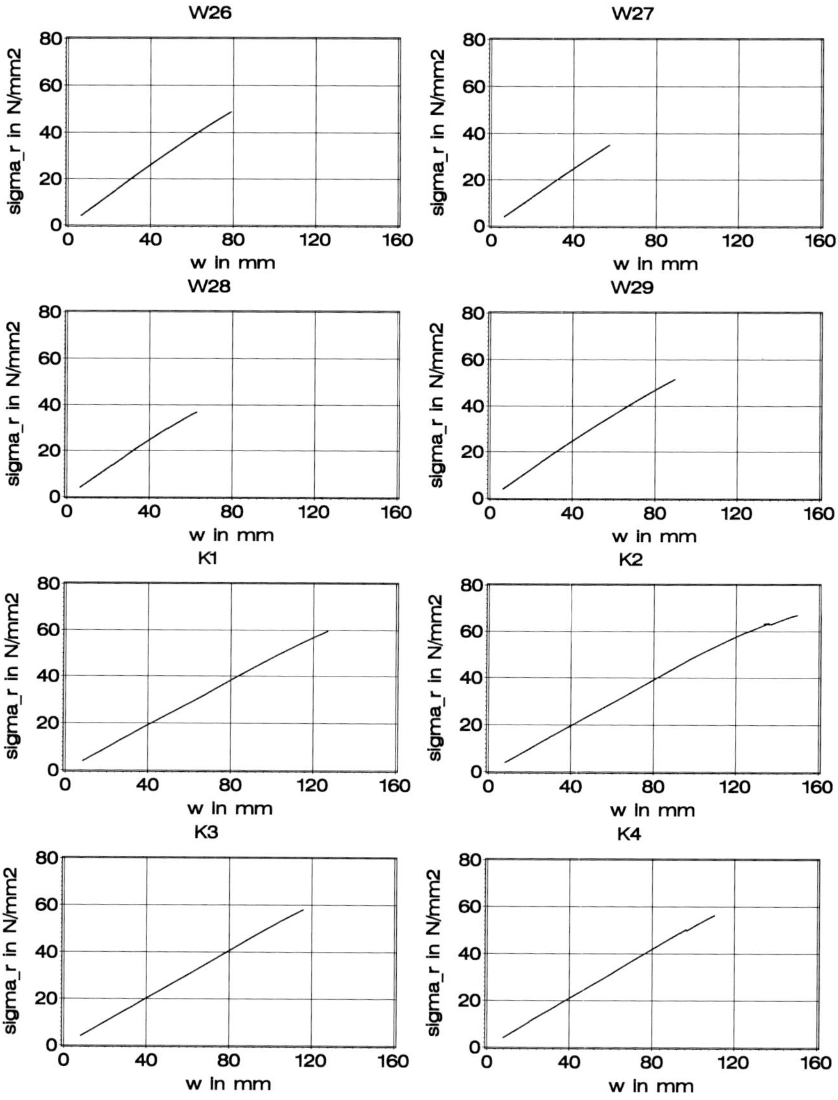

Bild B-4 (Forts.) Rechnerische Randspannung in Abhängigkeit von der Durchbiegung in der Mitte der Trägeroberkante, vgl. Bild B-3

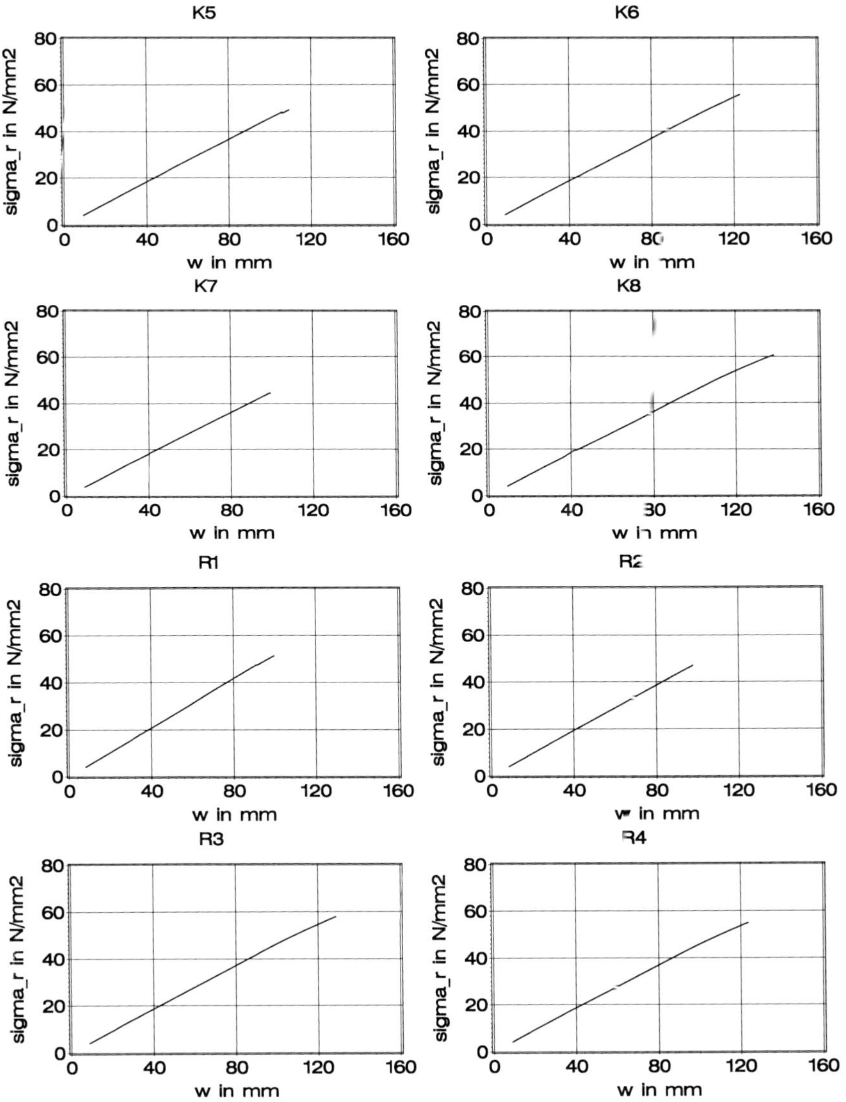

Bild B-4 (Forts.) Rechnerische Randspannung in Abhängigkeit von der Durchbiegung in der Mitte der Trägeroberkante, vgl. Bild B-3

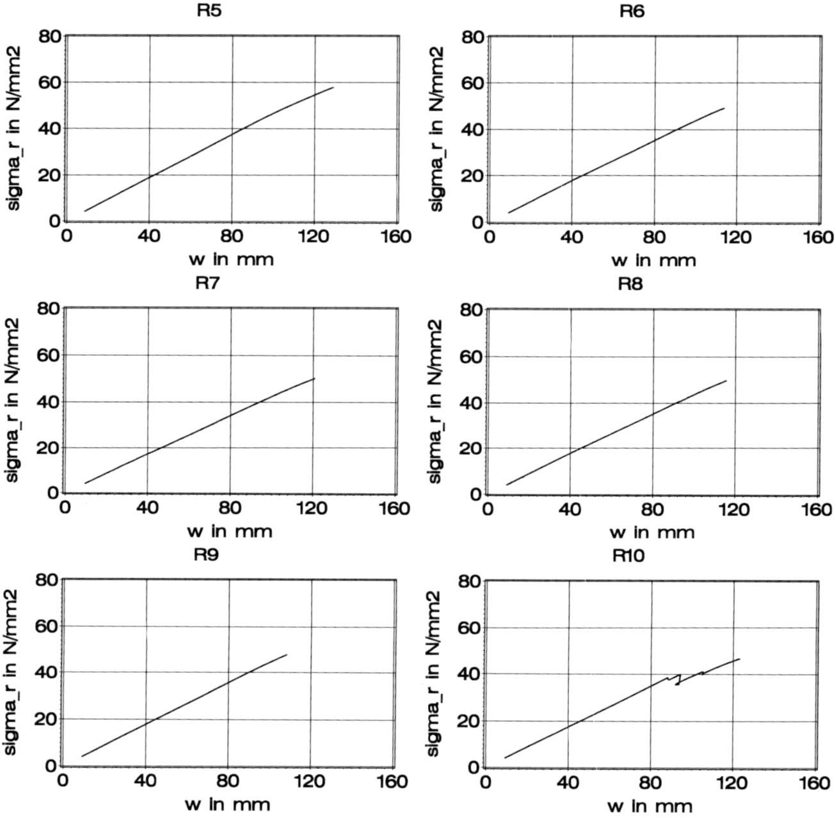

Bild B-4 (Forts.) Rechnerische Randspannung in Abhängigkeit von der Durchbiegung in der Mitte der Trägeroberkante, vgl. Bild B-3

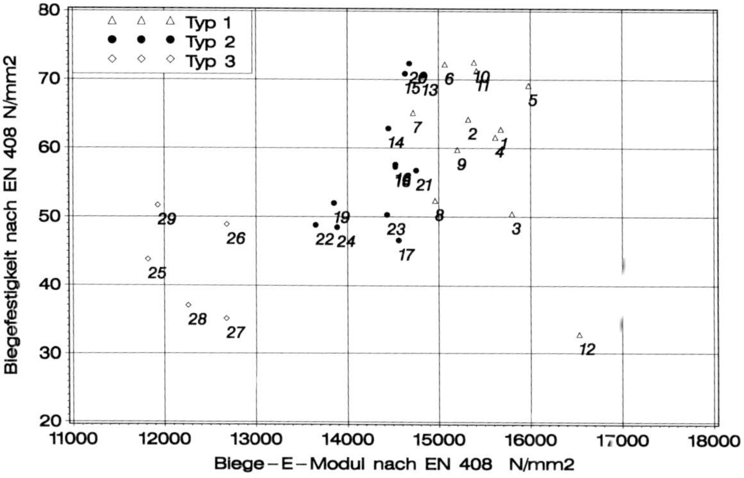

Bild B-5 Biegefestigkeit in Abhängigkeit vom Biege-E-Modul; Träger W1 bis W29

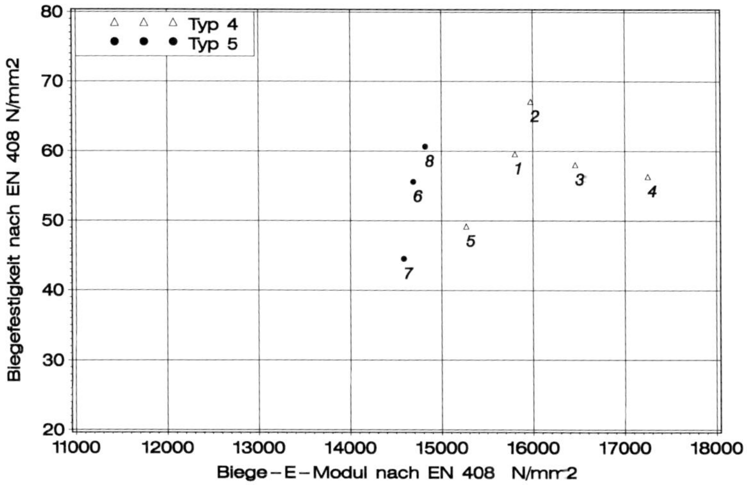

Bild B-6 Biegefestigkeit in Abhängigkeit vom Biege-E-Modul; Träger K1 bis K8

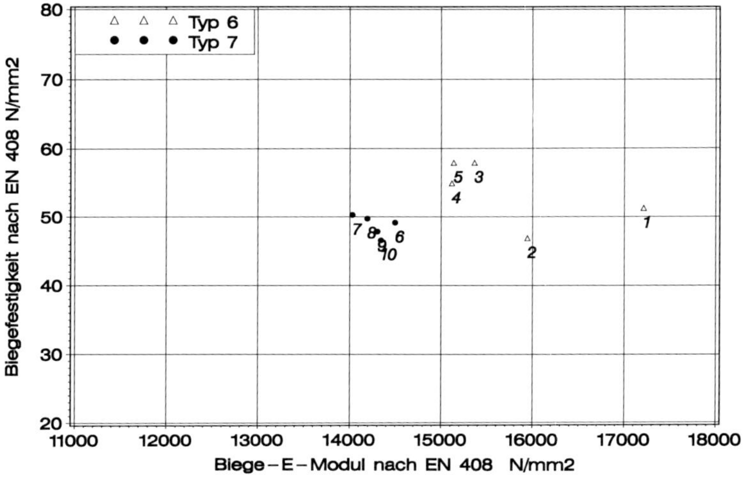

Bild B-7 Biegefestigkeit in Abhängigkeit vom Biege-E-Modul; Träger R1 bis R10

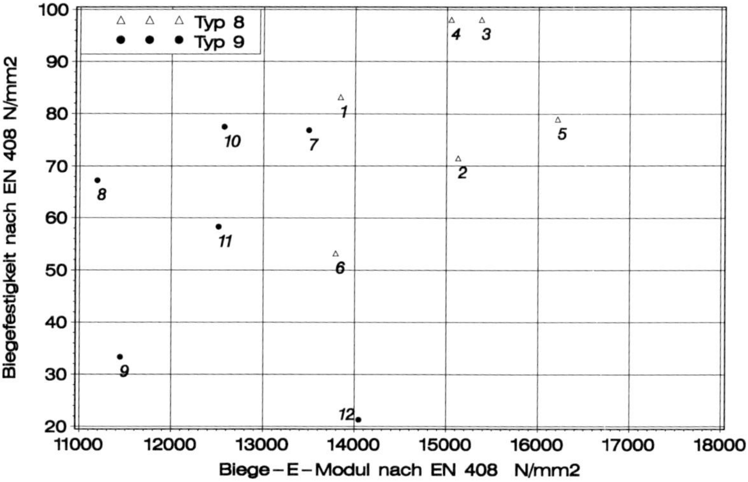

Bild B-8 Biegefestigkeit in Abhängigkeit vom Biege-E-Modul; Träger T1 bis T12

Tabelle B-7 Statistische Kennwerte der Biegefestigkeit

Typ	n	Mittelwert	s	min	max
1	12	61,2	11,5	32,7	72,5
2	12	57,8	9,32	46,6	72,3
3	5	43,3	7,25	35,0	51,7
4	5	58,0	6,44	49,2	67,1
5	3	53,6	8,26	44,5	60,7
6	5	53,7	4,71	46,9	57,9
7	5	48,7	1,50	46,6	50,3
8	6	80,5	17,0	53,2	98,1
9	6	55,8	23,5	21,3	77,5
4+6	10	55,9	5,78	46,9	67,1
5+7	8	50,5	5,21	44,5	60,6

Tabelle B-8 Statistische Kennwerte des Biege-E-Moduls

Typ	n	Mittelwert	s	min	max
1	12	15500	490	14700	16500
2	12	14400	383	13700	14800
3	5	12300	403	11800	12700
4	5	16200	750	15300	17300
5	3	14700	118	14600	14800
6	5	15800	880	15100	17200
7	5	14300	175	14000	14500
8	6	14900	935	13800	16200
9	6	12500	1110	11200	14000
4+6	10	16000	799	15100	17800
5+7	8	14400	265	14000	14800

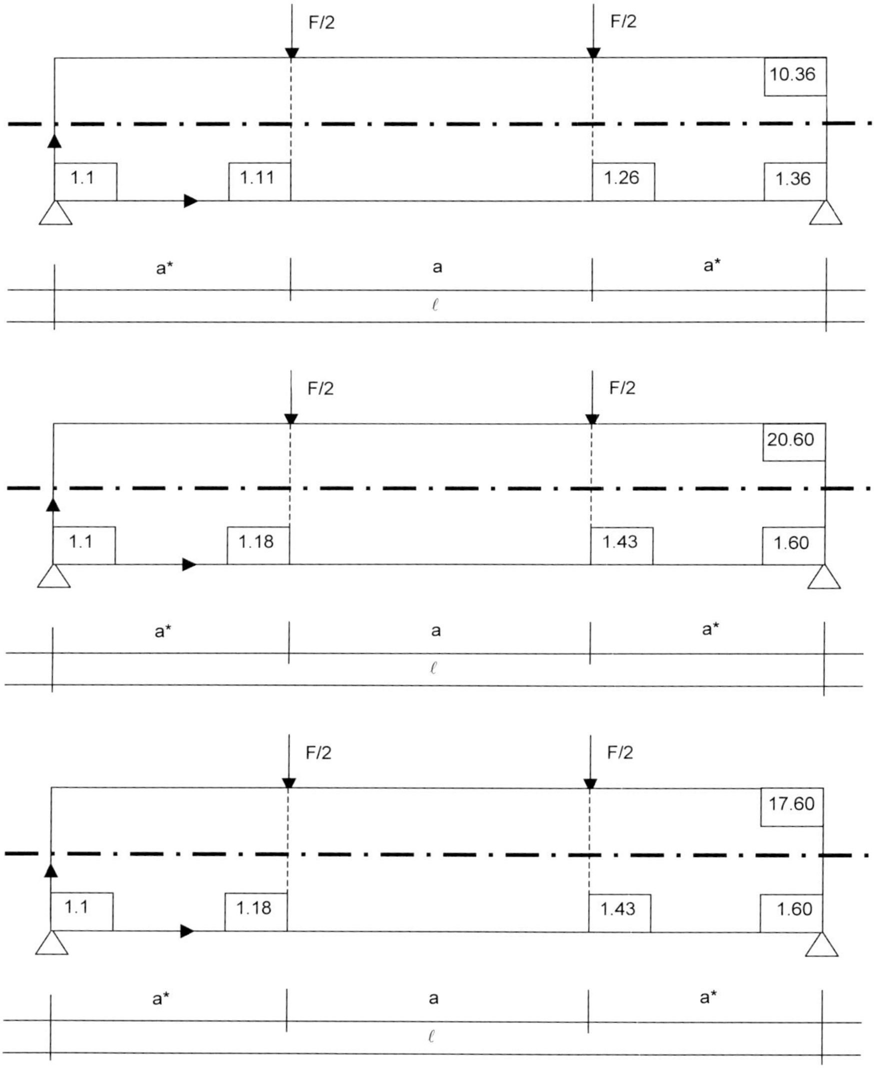

Bild B-9 Rasterung und ausgewählte Zellen der Träger W1 bis W29 oben, K1 bis K8 Mitte und R1 bis R10 unten

Tabelle B-9 Rechnerische Bruchspannung und Beobachtungen an der Bruchstelle unter Angabe der Zellenposition

Versuch	Bruch-spannung [N/mm²]	Beobachtungen
W1	62,7	KZV-Versagen in 1.25; Längsrisse im mittleren Bereich; Längsriss im linken Bereich; rechter Bereich rissfrei; starke Faserneigung an einem Brett der KZV in 1.25, s. Bild B-10
W2	64,2	KZV-Versagen in 1.13 und KZV-Versagen in 2.19; Längsrisse im mittleren Bereich; linker Bereich rissfrei; Längsriss im rechten Bereich
W3	50,4	KZV-Versagen in 1.22; Längsrisse im mittleren Bereich; linker Bereich rissfrei; Längsriss im rechten Bereich bis zum Auflager; KZV in 1.22 nicht ordnungsgemäß aufgrund von Zinkensprüngen
W4	61,6	KZV-Anriss in 1.21 und Querriss von 1.21 bis 1.25; Längsrisse im mittleren Bereich; linker Bereich rissfrei; rechter Bereich rissfrei
W5	69,1	KZV-Anriss in 1.18 dann KZV-Versagen in 2.19 und Holzversagen in 1.19; Längsrisse im mittleren Bereich; Längsriss im linken Bereich bis zum Auflager; Längsriss im rechten Bereich bis zum Auflager
W6	72,2	KZV-Versagen in 1.13 und 2.15; Längsrisse im unteren sechstel des mittleren Bereichs
W7	65,1	KZV-Anriss in 1.14; Querriss von 1.14 bis 1.24; Längsrisse im mittleren Bereich; linker Bereich weitgehend rissfrei; rechter Bereich weitgehend rissfrei
W8	52,3	KZV-Versagen in 1.15; Längsriss im mittleren Bereich; linker Bereich rissfrei; rechter Bereich rissfrei
W9	59,7	KZV-Versagen in 1.11; Längsrisse im mittleren Bereich; linker Bereich rissfrei; rechter Bereich rissfrei
W10	72,5	Querriss von 1.10 bis 1.17; Längsrisse im mittleren Bereich; linker Bereich rissfrei; rechter Bereich rissfrei;

Tabelle B-9 (Forts.) Rechnerische Bruchspannung und Beobachtungen an der Bruchstelle unter Angabe der Zellenposition

W11	71,2	KZV-Versagen in 1.30; Längsrisse im mittleren Bereich; linker Bereich rissfrei; Längsriss im rechten Bereich
W12	32,7	KZV-Versagen in 1.23; ein Längsriss im mittleren Bereich; linker Bereich rissfrei; rechter Bereich rissfrei; schlechte Haftung der Verklebung zwischen den Zinkenflanken der KZV in 1.23, s. Bild B-11
W13	70,6	KZV-Versagen in 1.17 bzw.1.18; Längsrisse im mittleren Bereich; linker Bereich rissfrei; rechter Bereich rissfrei
W14	62,8	KZV-Anriss in 1.28 und Holz-Versagen 1.22; Querriss von 1.22 bis 1.28; starke lokale Faserabweichung in 1.22; Längsrisse im mittleren Bereich
W15	70,8	KZV-Anriss in 1.13; Querriss von 1.13 bis 1.18; zahlreiche Längsrisse im mittleren Bereich; linker Bereich rissfrei; Längsriss im rechten Bereich bis zum Auflager; stark ausgeprägte Druckfalten in 10.19, s. Bild B-12
W16	57,6	KZV-Anriss in 1.19; Querriss von 1.14 bis 1.13; Längsrisse im mittleren Bereich; linker Bereich rissfrei; rechter Bereich rissfrei
W17	46,6	KZV-Versagen in 1.19 und 2.21; Längsrisse im mittleren Bereich; linker Bereich rissfrei; Längsriss im rechten Bereich;
W18	57,2	Querriss von 1.14 bis 1.20; Längsrisse im mittleren Bereich; linker Bereich rissfrei; rechter Bereich rissfrei; lokale Faserabweichung aufgrund von Ästen in 1.14 und 1.20
W19	52,0	KZV-Anriss in 1.17; Querriss von 1.17 bis 1.21; Längsrisse im mittleren Bereich; linker Bereich rissfrei; Längsriss im rechten Bereich
W20	72,3	KZV-Anriss in 1.12; Längsrisse im mittleren Bereich; Längsriss im linken Bereich bis zum Auflager; Längsriss im rechten Bereich bis zum Auflager; Druckfalten im Bereich der Lasteinleitung

Tabelle B-9 (Forts.) Rechnerische Bruchspannung und Beobachtungen an der Bruchstelle unter Angabe der Zellenposition

W21	56,7	KZV-Versagen in 1.27; Längsrisse im mittleren Bereich; linker Bereich rissfrei; rechter Bereich rissfrei
W22	48,8	KZV-Anriss in 1.16; Querriss von 1.16 bis 1.21; Längsrisse im mittleren Bereich; linker Bereich rissfrei, rechter Bereich rissfrei
W23	50,3	Querriss von 1.12 bis 1.21; Längsrisse im mittleren Bereich; linker Bereich rissfrei; rechter Bereich rissfrei
W24	48,5	Ast-Anriss in 1.26; Querriss von 1.18 bis 1.26; Längsrisse im mittleren Bereich; linker Bereich weitgehend rissfrei; rechter Bereich weitgehend rissfrei
W25	43,8	KZV-Versagen in 1.12; Längsrisse im mittleren Bereich; linker Bereich rissfrei; rechter Bereich rissfrei; KZV in 1.12 nicht ordnungsgemäß aufgrund zahlreicher Zinkenversprünge
W26	48,9	Ast-Versagen in 1.20 und KZV-Versagen in 2.20; Längsrisse im mittleren Bereich; linker Bereich rissfrei; rechter Bereich rissfrei
W27	35,0	Ast-Versagen in 1.23; Längsrisse im mittleren Bereich; linker Bereich rissfrei; rechter Bereich rissfrei
W28	36,9	KZV-Versagen in 1.14 und 2.16; Längsriss im mittleren Bereich; linker Bereich rissfrei; rechter Bereich rissfrei; KZV in 1.14 nicht ordnungsgemäß aufgrund zahlreicher Zinkenversprünge
W29	51,7	Ast-Versagen in 1.19 und KZV-Versagen in 3.16; Längsrisse im mittleren Bereich; Längsriss im linken Bereich; Längsriss im rechten Bereich
K1	59,6	KZV-Anriss in 1.44 und Querriss von 1.44 bis 1.40, s. Bild B-14; viele Längsrisse im mittleren Bereich, s. Bild B-13; linker Bereich weitgehend rissfrei; rechter Bereich weitgehend rissfrei;

Tabelle B-9 (Forts.) Rechnerische Bruchspannung und Beobachtungen an der Bruchstelle unter Angabe der Zellenposition

K2	67,1	KZV-Anriss in 1.27 und Schrägriss in 1.40; abschließend KZV-Versagen in 1.40; zahlreiche Längsrisse im mittleren Bereich; Längsriss im linken Bereich bis zum Auflager; Längsriss im rechten Bereich bis zum Auflager
K3	58,0	Querriss von 1.18 bis 1.35; Längsrisse im mittleren Bereich; Längsriss im linken Bereich bis zum Auflager; Längsriss im rechten Bereich bis zum Auflager;
K4	56,3	KZV-Anriss in 1.33 dann KZV-Versagen in 1.17 bzw. 2.16; Längsrisse im mittleren Bereich auf unteres Drittel beschränkt; linker Bereich rissfrei; Längsriss im rechten Bereich bis zum Auflager
K5	49,0	Querriss von 1.42 bis 1.45 und dann KZV-Versagen in 1.42; Längsrisse im mittleren Bereich; linker Bereich rissfrei; Längsriss im rechten Bereich bis zum Auflager; starke Faserneigung an einem Brett der KZV in 1.42
K6	55,6	Querriss von 1.16 bis 1.23 und KZV-Anriss in 1.23; Längsrisse im mittleren Bereich; Längsriss im linken Bereich; Längsriss im rechten Bereich
K7	44,5	Ast-Versagen in 2.30 bzw. 2.31 und KZV-Versagen in 1.35; Querriss von 1.35 bis 1.31; Längsrisse im mittleren Bereich; Längsriss im linken Bereich bis zum Auflager; Längsriss im rechten Bereich bis zum Auflager;
K8	60,7	Holz-Versagen in 1.18 bzw. 1.19, s. Bild B-15; großer Längsriss im mittleren Bereich; linker Bereich rissfrei; Längsriss im rechten Bereich bis zum Auflager
R1	51,2	KZV-Versagen in 1.26; Längsrisse im mittleren Bereich; Längsriss im linken und rechten Bereich bis zum Auflager; KZV in 1.26 nicht ordnungsgemäß aufgrund von Zinkensprüngen; schlechte Schichtverklebung zwischen 1.26 und 2.26
R2	46,9	KZV-Versagen in 1.20; davon ausgehend ein großer Längsriss bis 1.60/1.61; Längsrisse im mittleren Bereich; linker Bereich weitgehend rissfrei; Längsriss im rechten Bereich bis zum Auflager

Tabelle B-9 (Forts.) Rechnerische Bruchspannung und Beobachtungen an der Bruchstelle unter Angabe der Zellenposition

R3	57,9	KZV-Anriss in 1.28; Längsrisse im mittleren Bereich; Längsriss im linken Bereich bis zum Auflager; rechter Bereich rissfrei
R4	54,8	Ast-Versagen in 1.42 und 1.43 bzw. KZV-Versagen in 2.43; Längsrisse im mittleren Bereich; Längsriss im linken Bereich bis zum Auflager; Längsriss im rechten Bereich bis zum Auflager
R5	57,9	KZV-Versagen in 1.27 und 2.26; Längsrisse im mittleren Bereich; Längsrisse im linken Bereich bis zum Auflager; rechter Bereich rissfrei
R6	49,2	Ast-Versagen in 1.22, s. Bild B-16; Längsrisse im mittleren Bereich; Längsriss im linken Bereich bis zum Auflager; Längsriss im rechten Bereich bis zum Auflager
R7	50,3	Querriss von 1.27 bis 1.32, s. Bild B-17; Längsrisse im mittleren Bereich; Längsriss im linken Bereich bis zum Auflager; Längsriss im rechten Bereich bis zum Auflager
R8	49,7	KZV-Versagen in 1.34 und 2.34; Längsrisse im mittleren Bereich; linker Bereich weitgehend rissfrei; Längsriss im rechten Bereich fast bis zum Auflager; KZV in 1.34 und 2.34 um nur 15mm in Längsrichtung versetzt, s. Bild B-18
R9	47,9	KZV-Versagen in 1.33 und Holzversagen in 2.31; Längsrisse im mittleren Bereich; Längsriss im linken Bereich bis zum Auflager; Längsriss im rechten Bereich bis zum Auflager
R10	46,6	KZV-Anriss zwischen 1.44 und 1.45 und Holzanriss in 1.23; Längsrisse im mittleren Bereich; Längsriss im linken Bereich bis zum Auflager; rechter Bereich rissfrei
T1	83,2	KZV-Versagen
T2	71,5	KZV-Versagen
T3	98,1	Holz-Versagen
T4	98,1	Holz-Versagen
T5	79,0	KZV-Versagen

Tabelle B-9 (Forts.) Rechnerische Bruchspannung und Beobachtungen an der Bruchstelle unter Angabe der Zellenposition

T6	53,2	KZV-Versagen
T7	77,0	Ast-Versagen
T8	67,3	Ast-Versagen
T9	33,4	Ast-Versagen
T10	77,5	Holz-Versagen
T11	58,3	Ast-Versagen
T12	21,3	KZV-Versagen; KZV nicht ordnungsgemäß verpresst, s. Bild B-19

Hinweis zu den Aufnahmen:

Die folgenden Bilder zeigen auszugsweise einige typische Versagensmuster und Beobachtungen die in Tabelle B-9 erwähnt werden.

Bild B-10 Träger W1: Starke Faserneigung an einem Brett der Keilzinkenverbindung in Zelle 1.25

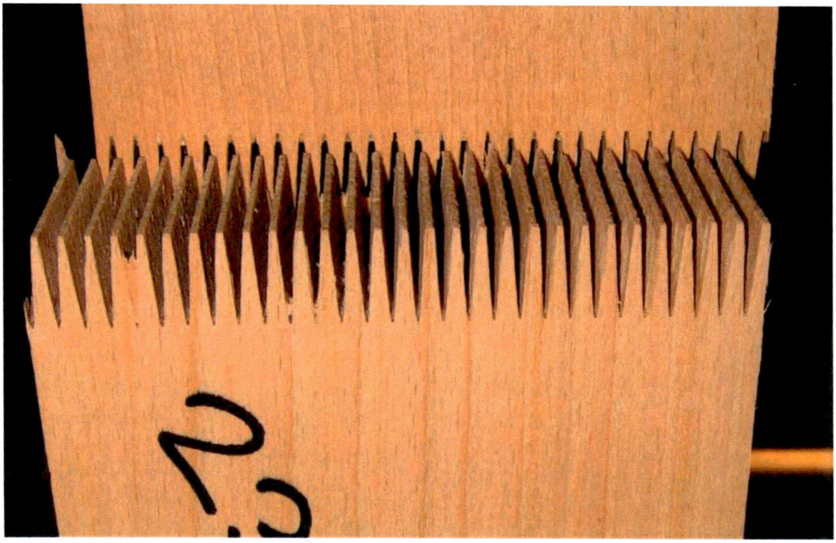

Bild B-11 Träger W12, Untersicht: Unzureichende Verklebung zwischen den Zinkenflanken der Keilzinkenverbindung in Zelle 1.23

Bild B-12 Träger W15, Draufsicht: Druckfalten in Zelle 10.19

Bild B-13 Träger K1: Typische Rissmuster nach dem Bruch, zahlreiche Risse im mittleren Bereich zwischen den Lasteinleitungspunkten

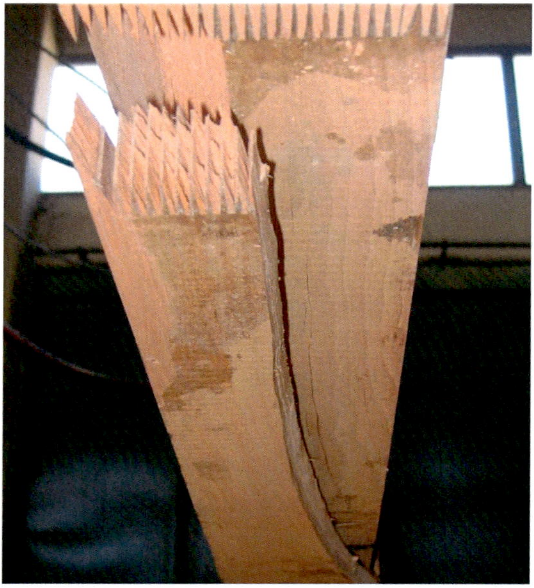

Bild B-14 Träger K1, Untersicht: KZV-Anriss in Zelle 1.44 mit anschließendem Querriss bis Zelle 1.40

Bild B-15 Träger K8: Holz-Versagen in Zelle 1.18 bzw. 1.19 infolge starker lokaler Faserabweichung

Bild B-16 Träger R6: Eindeutiges Ast-Versagen in Zelle 1.22

Bild B-17 Träger R7, Untersicht: Verlauf des Querrisses von Zelle 1.27 bis 1.32

Bild B-18 Träger R8: Gemeinsames Versagen der Keilzinkenverbindungen in den Zellen 1.34 und 2.34

Bild B-19 Träger T12, Untersicht: Keilzinkenverbindung nicht ordnungsgemäß verpresst

Anhang C Keilzinkenversuche

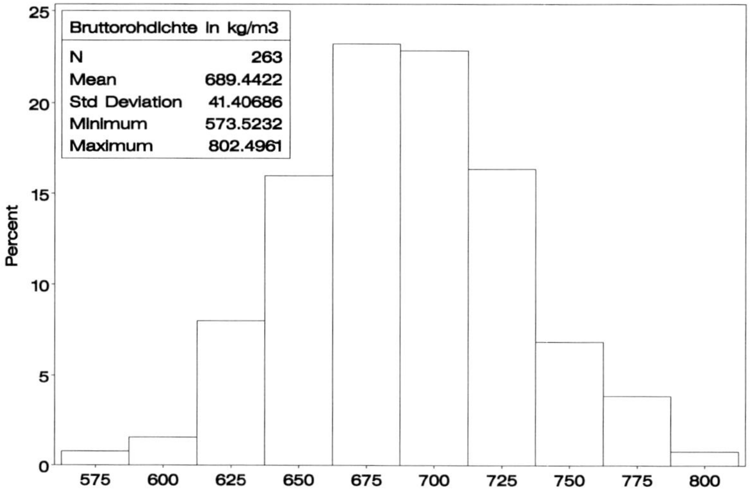

Bild C-1 Häufigkeitsverteilung der Bruttorohdichte für Keilzinkenprüfkörper

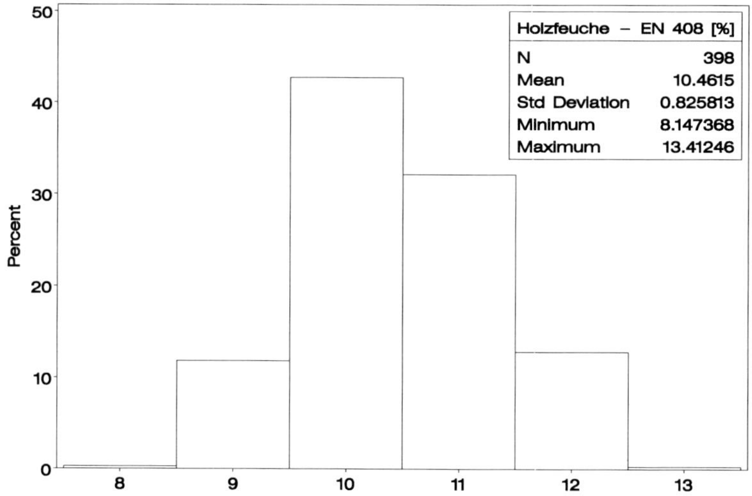

a)

Bild C-2 Holzfeuchte (a) und Rohdichte (b) nach EN 408 von 398 Brettenden bzw. 199 Keilzinkenprüfkörpern

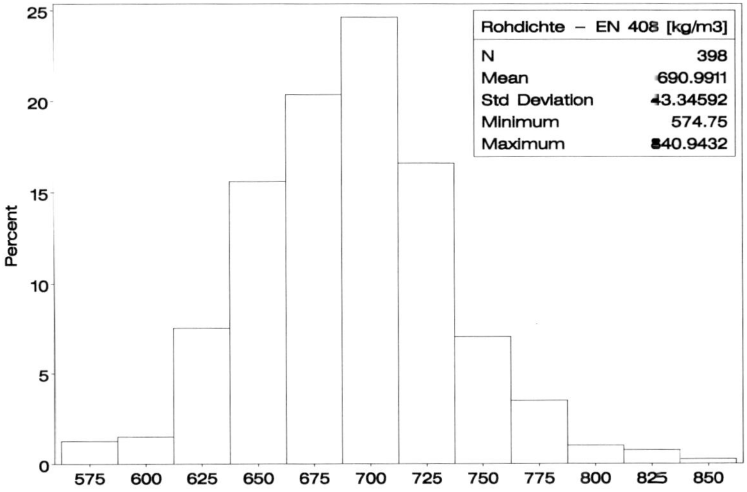

b)

Bild C-2 (Forts.) Holzfeuchte (a) und Rohdichte (b) nach EN 408 von 398 Brettenden bzw. 199 Keilzinkenprüfkörpern

Tabelle C-1 Statistische Kennwerte der Holzfeuchte und Rohdichte nach EN 408

Holzherkunft		Holzfeuchte [%]	Rohdichte [kg/m^3]
Spessart	n	124	124
	MW	11,3	690
	s	0,595	45,4
	min	8,15	684
	max	13,4	816
Nordhessen	n	206	124
	MW	9,95	693
	s	0,538	43,7
	min	8,85	675
	max	11,9	822
Schönbuch	n	68	68
	MW	10,5	687
	s	0,597	38,2
	min	9,14	616
	max	11,7	841

Bild C-3 Qualität 1 - Einwandfreies Fräsbild und sehr gute Verklebung, die sich durch vorwiegendes Holzversagen im Zinkengrund zeigt

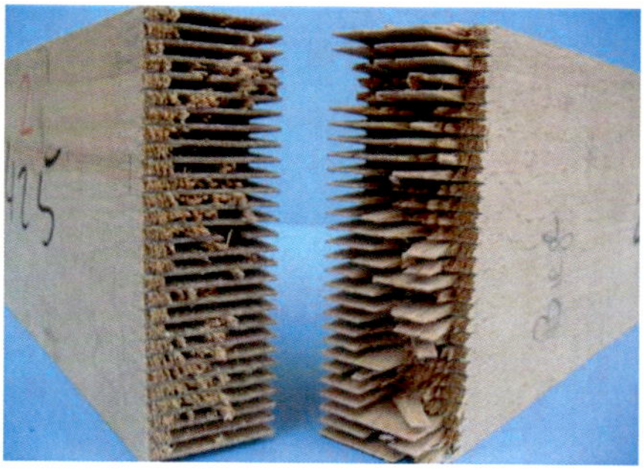

Bild C-4 Qualität 2 - Einwandfreies Fräsbild und lediglich gute Verklebung, die sich durch Herausziehen der Zinken in der Biegezugzone zeigt

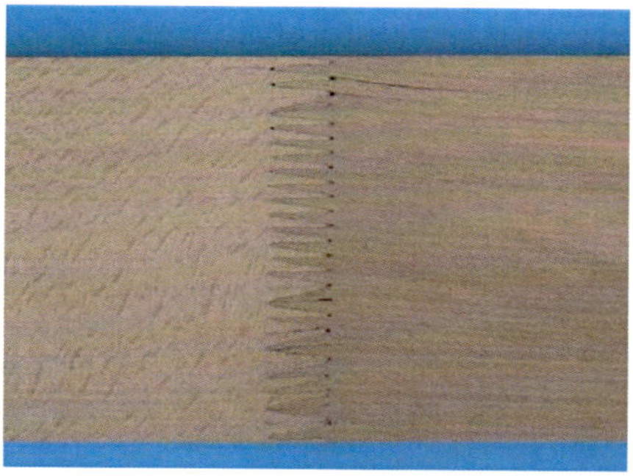

Bild C-5 Qualität 3 - Zinken greifen nicht ordnungsgemäß ineinander (Zinkensprünge), Ansicht der Biegedruckzone

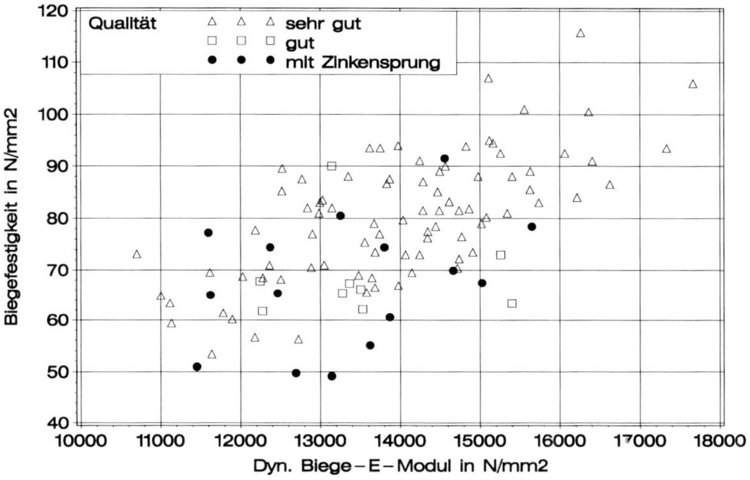

a)

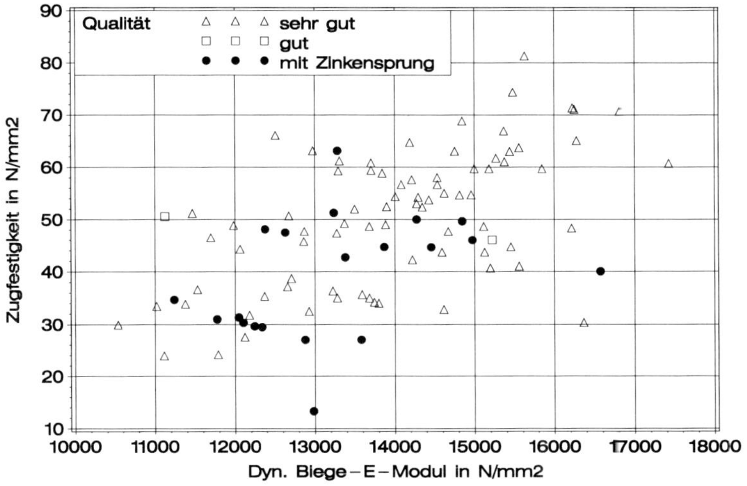

b)

Bild C-6 Biege- (a) und Zugfestigkeit (b) von Keilzinken in Abhängigkeit vom dynamischen Biege-E-Modul

Tabelle C-2 Statistische Auswertung der Biege- und Zugfestigkeit der Keilzinkenprüfkörper mit Qualität 1 bis 3

Holzherkunft		Festigkeit [N/mm²]	
		Biegeproben	Zugproben
Spessart	n	31	31
	MW	68,8	44,1
	s	10,4	14,5
	5%	50,4	19,1
	min	49,7	13,3
	max	91,0	71,1
Nordhessen	n	56	52
	MW	85,2	50,9
	s	10,6	11,9
	5%	68,5	32,5
	min	55,0	27,0
	max	116	81,3
Schönbuch	n	21	18
	MW	70,0	46,1
	s	8,7	13,4
	5%	49,5	29,5
	min	49,2	29,5
	max	85,2	68,8
Spessart	n	108	101
Nordhessen	MW	77,5*	48,0
Schönbuch	s	12,9	13,3
	5%	55,4*	27,0
	min	49,2	13,3
	max	116	81,3

* Die nachstehende Berechnung der mittleren und charakteristischen Biegefestigkeit jeweils aus den einzelnen Mittel- und charakteristischen Werten je Holzherkunft zeigt geringe Abweichungen zu den Werten die mit dem Stichprobenumfang von 108 berechnet werden.

$$f_{m,M,fj} = \frac{85,2 + 70 + 68,6}{3} = 74,6\ N/mm^2 \approx 77,5\ N/mm^2$$

$$f_{m,k,fj} = \frac{68,5 + 49,5 + 50,4}{3} = 56,1\ N/mm^2 \approx 55,4\ N/mm^2$$

Tabelle C-3 Statistische Auswertung des dynamischen Biege-E-Moduls der Keilzinkenprüfkörper mit Qualität 1 bis 3

Holzherkunft		dynamischer Biege-E-Modul [N/mm²]	
		Biegeproben	Zugproben
Spessart	n	31	31
	MW	13300	13200
	s	1290	1480
	min	11100	10500
	max	15700	16200
Nordhessen	n	56	52
	MW	14400	14500
	s	1290	1290
	min	11600	11200
	max	17700	17400
Schönbuch	n	21	18
	MW	13100	13100
	s	1400	1270
	min	10700	11000
	max	15600	15400

FSC
www.fsc.org
MIX
Papier | Fördert
gute Waldnutzung
FSC® C083411

Kolibri 360 GmbH
Ferdinand-Jühlke-Straße 7
99095 Erfurt, Deutschland
produktsicherheit@kolibri360.de